JN040984

学ぶ人は、
変えて
ゆく人だ。

目の前にある問題はもちろん、

人生の問いや、社会の課題を自ら見つけ、

挑み続けるために、人は学ぶ。

「学び」で、少しずつ世界は変えてゆける。

いつでも、どこでも、誰でも、

学ぶことができる世の中へ。

旺文社

このドリルの特長と使い方

このドリルは，「文章から式を立てる力を養う」ことを目的としたドリルです。単元ごとに「理解するページ」と「くりかえし練習するページ」をもうけて，段階的に問題の解き方を学ぶことができます。

①　**りかい**

式の立て方を理解するページです。式の立て方のヒントが載っていますので，これにそって問題の解き方を学習しましょう。
ヒントは段階的になっていますので，無理なくレベルアップできます。

②　**練習**

「理解」で学習したことを身につけるために，くりかえし練習するページです。「理解」で学習したことを思い出しながら問題を解いていきましょう。

③　**チャレンジ**　間違えやすい問題は，別に単元を設けています。こちらも「理解」→「練習」と段階をふんでいますので，重点的に学習することができます。

もくじ

編集協力／有限会社マイプラン　村田岳彦　校正／山下聡　装丁デザイン／株式会社しろいろ
装丁イラスト／林ユミ　本文デザイン／プラン・グラフ　大滝奈緒子　本文イラスト／西村博子

4年生 達成表　文章題名人への道！

ドリルが終わったら、番号のところに日付と点数を書いて、グラフをかこう。
80点を超えたら合格だ！まとめのページは全問正解で合格だよ！

	日付	点数		50点	合格ライン 80点	100点	合格チェック
例	4/2	90					○
1							
2							
3							
4							
5							
6							
7							
8							
9							
10							
11							
12							
13							
14							
15							
16							
17							
18							
19			全問正解で合格！				
20							
21							
22							
23							

	日付	点数		50点	合格ライン 80点	100点	合格チェック
24							
25							
26							
27							
28							
29							
30							
31							
32							
33							
34							
35							
36							
37							
38							
39							
40							
41							
42							
43							
44							
45			全問正解で合格！				
46							
47							

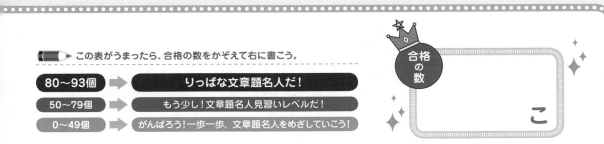

この表がうまったら、合格の数をかぞえて右に書こう。

80〜93個	➡	りっぱな文章題名人だ！
50〜79個	➡	もう少し！文章題名人見習いレベルだ！
0〜49個	➡	がんばろう！一歩一歩，文章題名人をめざしていこう！

合格の数

こ

	日付	点 数		50点	合格ライン 80点	100点	合格 チェック
48							
49							
50							
51							
52	全問正解で合格！						
53							
54							
55							
56							
57							
58							
59							
60							
61							
62							
63							
64	全問正解で合格！						
65							
66							
67							
68							
69							
70							
71							

	日付	点 数		50点	合格ライン 80点	100点	合格 チェック
72							
73							
74							
75							
76	全問正解で合格！						
77							
78							
79							
80							
81							
82							
83							
84							
85							
86							
87							
88	全問正解で合格！						
89							
90							
91							
92							
93	全問正解で合格！						

1けたの数でわるわり算①

▶▶▶ 答えはべっさつ1ページ 　★点数★

1 :式20点・答え20点　**2** :式30点・答え30点

1 48このあめを，3人で同じ数ずつ分けます。1人分は
何こになりますか。

3人分のこ数　分ける人数

[式] ☐ ÷ ☐ = ☐

3人分のこ数　　分ける人数　　1人分のこ数

[答え] ☐ こ

2 48本のえん筆を，4本ずつ箱に入れます。えん筆が入っ
た箱は何こできますか。

全体の本数　1箱分の本数

[式] ☐ ÷ ☐ = ☐

[答え] ☐ こ

2 わり算(1)
1けたの数でわるわり算①

▶▶▶ 答えはべっさつ1ページ

点数

点

1 , **2** :式15点・答え15点　　**3** :式20点・答え20点

1 72まいの色紙を，6人で同じ数ずつ分けます。1人分は

<u>6人分のまい数</u>　　　　　<u>分ける人数</u>

何まいになりますか。

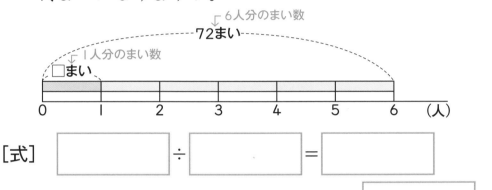

[式] ▭ ÷ ▭ = ▭

　　　　　　　　　　[答え] ▭ まい

2 56さつのノートを，同じ数ずつ4つの箱に入れます。

<u>4箱分のノートの数</u>　　　　　　　　<u>分ける箱の数</u>

1箱に入るノートは何さつですか。

[式] ▭ ÷ ▭ = ▭

　　　　　　　　　　[答え] ▭ さつ

3 81cmのひもを，3cmずつに切り分けます。3cmのひも

<u>全体の長さ</u>　　　　　<u>切り分ける長さ</u>

は何本できますか。

[式] ▭ ÷ ▭ = ▭

　　　　　　　　　　[答え] ▭ 本

3 わり算(1)
1けたの数でわるわり算①

練習

▶▶▶ 答えはべっさつ1ページ ★点数★

点

1, **2**：式10点・答え10点　　**3**, **4**：式15点・答え15点

1 42このボールを，同じ数ずつ3つの箱に入れます。1箱に入るボールは何こですか。

[式]

[答え]

2 75ページの本を，毎日同じページ数ずつ5日で読みます。1日に読むのは何ページですか。

[式]

[答え]

3 72人の児童を，4人で1組のグループに分けます。グループは何こできますか。

[式]

[答え]

4 84まいの画用紙を，同じ数ずつ7人で分けます。1人分は何まいですか。

[式]

[答え]

4 わり算(1)
1けたの数でわるわり算①

練習

▶▶▶ 答えはべっさつ1ページ　点数

点

1, **2**：式10点・答え10点　**3**, **4**：式15点・答え15点

1 76まいのカードを，同じ数ずつ4人で分けます。1人分は何まいですか。

[式]

[答え]

2 全部で90問ある算数の問題を，1日6問ずつときました。すべての問題をとき終わるのに何日かかりますか。

[式]

[答え]

3 96本のえん筆を，同じ数ずつ8この箱に入れます。1箱には何本のえん筆が入りますか。

[式]

[答え]

4 さちこさんの学校の4年生は全員で84人います。3人1組ではんをつくっていくと，全部で何このはんができますか。

[式]

[答え]

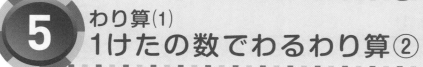

5 わり算(1) 1けたの数でわるわり算②

りかい

▶▶▶ 答えはべっさつ2ページ 点数 ★ 点

1：式20点・答え20点　2：式30点・答え30点

1 40まいの色紙を，同じ数ずつ3人で分けます。1人分は
　　　全体のまい数　　　　　　　　　　　分ける人数

何まいになって，何まいあまりますか。

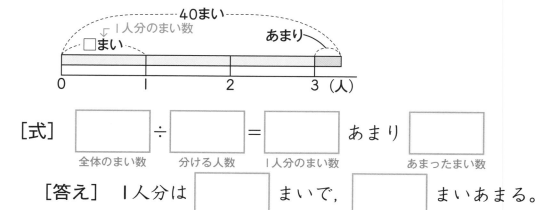

[式] ☐ ÷ ☐ = ☐ あまり ☐
　　全体のまい数　　分ける人数　　1人分のまい数　　　　あまったまい数

[答え] 1人分は ☐ まいで， ☐ まいあまる。

2 70このビー玉を，同じ数ずつ4このふくろに入れます。
　　　全体のこ数　　　　　　　　　　　分けるふくろの数

1ふくろに入るビー玉は何こで，何こあまりますか。

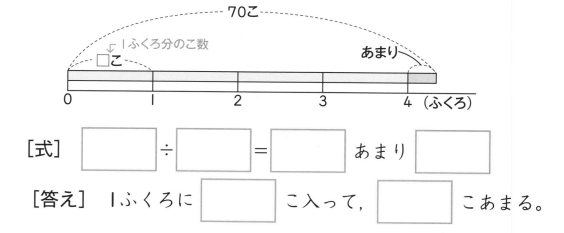

[式] ☐ ÷ ☐ = ☐ あまり ☐

[答え] 1ふくろに ☐ こ入って， ☐ こあまる。

6 わり算(1)　1けたの数でわるわり算②

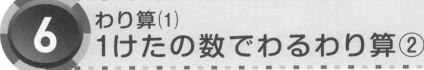

▶▶▶ 答えはべっさつ2ページ 点数 点

1：式10点・答え10点　**2**，**3**：式20点・答え20点

1 43まいの色紙を，同じ数ずつ4人で分けます。1人分は
（全体のまい数）（分ける人数）
何まいで，何まいの色紙があまりますか。

[式]　□ ÷ □ = □ あまり □

[答え]　1人分は □ まいで，□ まいあまる。

2 75このキャラメルを，同じ数ずつ6このふくろに入れま
（全体のこ数）（分けるふくろの数）
す。1ふくろに入るキャラメルは何こで，何このキャラメルがあまりますか。

[式]　□ ÷ □ = □ あまり □

[答え]　1ふくろに □ こ入って，□ こあまる。

3 92cmのはり金を，3cmずつに切ります。3cmのはり金
（全体の長さ）（1本分の長さ）
は何本とれて，何cmあまりますか。

[式]　□ ÷ □ = □ あまり □

[答え]　□ 本とれて，□ cmあまる。

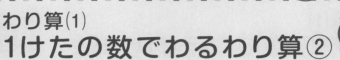

7 わり算(1)
1けたの数でわるわり算②
練習

▶▶▶ 答えはべっさつ2ページ　★点数★

1, **2**：式10点・答え10点　　**3**, **4**：式15点・答え15点

点

1 90このビー玉を，同じ数ずつ7人で分けます。1人分の
ビー玉は何こで，何こあまりますか。

[式]

[答え]

2 64このボールを，同じ数ずつ5つの箱に入れます。1箱
に入るボールは何こで，何こあまりますか。

[式]

[答え]

3 80本のえんぴつを，3本ずつふくろに入れます。3本の
えんぴつが入ったふくろは何こできて，えんぴつは何本
あまりますか。

[式]

[答え]

4 87cmの竹ひごを，8cmずつに切ります。8cmの竹ひご
は何本できて，何cmあまりますか。

[式]

[答え]

8 わり算(1) 1けたの数でわるわり算②

練習

▶▶▶ 答えはべっさつ2ページ

点数

点

1, 2：式10点・答え10点　　3, 4：式15点・答え15点

1 65このチョコレートを, 子ども1人に4こずつ配ります。何人に配ることができて, チョコレートは何こあまりますか。

[式]

[答え]

2 95このあめを, 6こずつふくろに入れます。あめが6こ入ったふくろは何こできて, あめは何こあまりますか。

[式]

[答え]

3 82まいの色紙を, 同じ数ずつ4人で分けます。1人分は何まいで, 何まいあまりますか。

[式]

[答え]

4 92このキャラメルを, 同じ数ずつ3この箱に入れます。1箱に入るキャラメルは何こで, 何こあまりますか。

[式]

[答え]

9 わり算(1)
1けたの数でわるわり算③

 りかい

▶▶▶ 答えはべっさつ3ページ

点数 ★ 点

1 350まいの画用紙を，同じ数ずつ3つのクラスに分けます。
（全体のまい数）（分けるクラスの数）

1クラスに配るのは何まいで，何まいあまりますか。

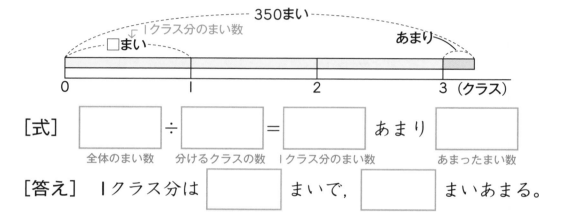

[式] ☐ ÷ ☐ = ☐ あまり ☐
　　　全体のまい数　分けるクラスの数　1クラス分のまい数　あまったまい数

[答え] 1クラス分は ☐ まいで， ☐ まいあまる。

2 856このあめがあります。これを6こずつふくろに入れ
（全体のこ数）（1ふくろ分のこ数）

ます。あめが6こ入ったふくろは何こできて，あめは
何こあまりますか。

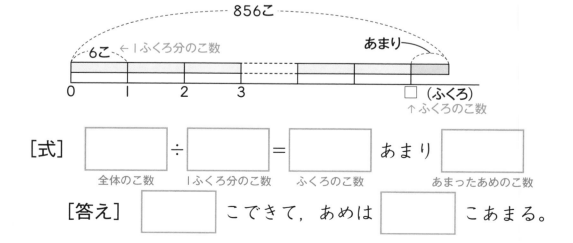

[式] ☐ ÷ ☐ = ☐ あまり ☐
　　　全体のこ数　1ふくろ分のこ数　ふくろのこ数　あまったあめのこ数

[答え] ☐ こできて，あめは ☐ こあまる。

10 わり算(1)
1けたの数でわるわり算③

▶▶▶ 答えはべっさつ3ページ ★点数★

点

1, **2**：式15点・答え15点　　**3**：式20点・答え20点

1 524まいの色紙を，同じ数ずつ5人で分けます。1人分の
全体のまい数　　　　　　　　　　分ける人数

色紙は何まいで，何まいあまりますか。

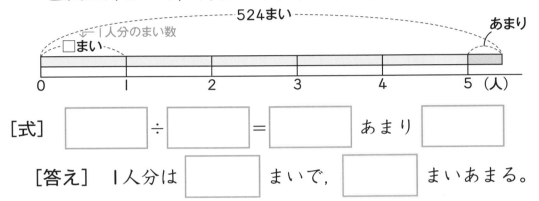

[式] ◯ ÷ ◯ = ◯ あまり ◯

[答え]　1人分は ◯ まいで， ◯ まいあまる。

2 805cmのひもを，4cmずつに切り分けます。4cmのひ
全体の長さ　　　　　　切り分ける長さ

もは何本できて，何cmあまりますか。

[式] ◯ ÷ ◯ = ◯ あまり ◯

[答え] ◯ 本できて， ◯ cmあまる。

3 648ページの小説を，6週間で読もうと思います。毎週
6週間で読むページ数　　　　　　小説を読む期間

同じページ数ずつ読むとすると，1週間に何ページずつ
読めばよいですか。

[式] ◯ ÷ ◯ = ◯

[答え] ◯ ページ

11 わり算(1)
1けたの数でわるわり算③

練習

▶▶▶ 答えはべっさつ3ページ

点数

点

1, **2**：式10点・答え10点　**3**, **4**：式15点・答え15点

1 492このビー玉を，同じ数ずつ4この箱に入れます。
　　1箱に入るビー玉は何こですか。

[式]

　　　　　　　　　　[答え]

2 729cmのリボンを，同じ長さの3本に切り分けます。
　　1本の長さは何cmになりますか。

[式]

　　　　　　　　　　[答え]

3 876このあめを，8こずつふくろに入れます。8このあめ
　　が入ったふくろは何こできて，あめは何こあまりますか。

[式]

　　　　　　　　　　[答え]

4 793まいの色紙を，同じ数ずつ5つのクラスに分けます。
　　1クラス分の色紙は何まいで，何まいあまりますか。

[式]

　　　　　　　　　　[答え]

12 わり算(1)
1けたの数でわるわり算③

▶▶▶ 答えはべっさつ3ページ　点数

点

1 , **2** :式10点・答え10点　　**3** , **4** :式15点・答え15点

1 970まいの色紙を，同じ数ずつ3つの束（たば）にします。
1束は何まいで，何まいあまりますか。

[式]

　　　　　[答え]

2 865このビーズを，同じ数ずつ6つのびんに入れます。
1つのびんのビーズは何こで，何こあまりますか。

[式]

　　　　　[答え]

3 826本のえん筆を，1人に4本ずつ配ります。何人に配る
ことができて，えん筆は何本あまりますか。

[式]

　　　　　[答え]

4 750この花のなえを，同じ数ずつ7つの花だんに植えま
した。1つの花だんに植えるなえは何こで，何こあまり
ますか。

[式]

　　　　　[答え]

13 わり算(1)
1けたの数でわるわり算④

りかい

▶▶▶ 答えはべっさつ4ページ　★点数★

点数　　　　　　　　点

1：式20点・答え20点　　**2**：式30点・答え30点

1 192まいの色紙を，同じ数ずつ6人で分けます。1人分は
　　　6人分のまい数　　　　　　　　　　　　分ける人数

何まいになりますか。

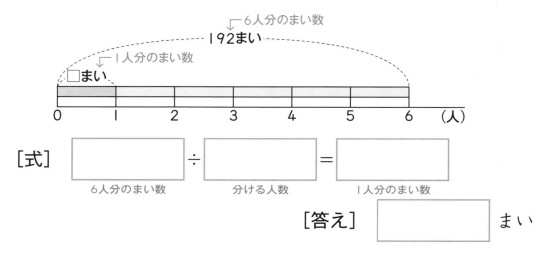

　　　　　　　　　　　　┌6人分のまい数
　　　　　　　　　　192まい
　　　　┌1人分のまい数
　　□まい
　0　　1　　2　　3　　4　　5　　6　(人)

[式] ☐ ÷ ☐ = ☐
　　6人分のまい数　　分ける人数　　1人分のまい数

[答え] ☐ まい

2 8人が同じだけお金を出しあって384円のおかしを買い
　　　お金を出す人数　　　　　　　　　　　　8人分のお金

ます。1人が出す金がくは何円ですか。

　　　　　　　　　　┌8人分のお金
　　　　　　　　384円
　□円 ←1人分のお金
　0　1　2　3　4　5　6　7　8(人)

[式] ☐ ÷ ☐ = ☐

[答え] ☐ 円

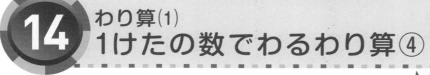 

14 わり算(1) 1けたの数でわるわり算④ りかい

▶▶▶ 答えはべっさつ4ページ 　点数

点

1, 2：式15点・答え15点　　3：式20点・答え20点

1 286まいの画用紙を, 同じ数ずつ5つのクラスに分けます。
　　　全体のまい数　　　　　　　　　　　　分けるクラスの数

1クラス分は何まいで, 何まいあまりますか。

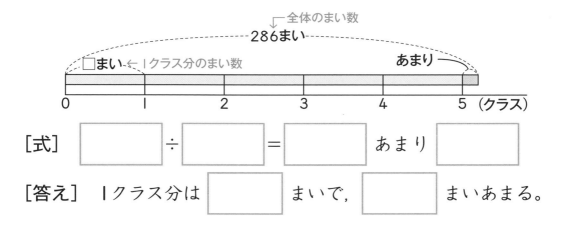

[式] ☐ ÷ ☐ = ☐ あまり ☐

[答え]　1クラス分は ☐ まいで, ☐ まいあまる。

2 240このあめを, 同じ数ずつ9まいのふくろに入れます。
　　　全体のこ数　　　　　　　　　　分けるふくろの数

1ふくろに入るあめは何こで, 何こあまりますか。

[式] ☐ ÷ ☐ = ☐ あまり ☐

[答え] ☐ こで, ☐ こあまる。

3 りょうこさんの学校には, 448人の児童がいます。7人が
　　　　　　　　　　　　　　全体の人数　　　　　　　1グループの人数

1組のグループをつくると, グループは何こできますか。

[式] ☐ ÷ ☐ = ☐

[答え] ☐ こ

15 わり算⑴
1けたの数でわるわり算④

練習

▶▶▶ 答えはべっさつ4ページ ★点数★

[点]

1, **2**：式10点・答え10点　　**3**, **4**：式15点・答え15点

1 156本のえん筆を，6本ずつ箱に入れます。えん筆が入った箱は何こできますか。

[式]

[答え]

2 258まいのカードを，同じ数ずつ3人で分けます。1人分のカードは何まいですか。

[式]

[答え]

3 5人が同じだけお金を出し合って，425円のおかしを買います。1人が出す金がくは何円ですか。

[式]

[答え]

4 645ひきのこいを，同じ数ずつ7つの池に放します。1つの池に放したこいは何びきで，何びきあまりますか。

[式]

[答え]

16 わり算(1)
1けたの数でわるわり算④

練習

▶▶▶ 答えはべっさつ4ページ

点数 ★★

点

1, **2**：式10点・答え10点　　**3**, **4**：式15点・答え15点

1 250まいの半紙を，同じ数ずつ9人で分けます。1人分は何まいで，何まいあまりますか。

[式]

[答え]

2 320cmのはり金を，6cmずつに切り分けます。6cmのはり金は何本できて，何cmあまりますか。

[式]

[答え]

3 同じねだんのおかしを8こ買ったら，代金は512円でした。このおかし1このねだんは何円ですか。

[式]

[答え]

4 774人の児童（じどう）が，9人がけの長いすにすわります。全員がすわるためには，長いすは何きゃく必要（ひつよう）ですか。

[式]

[答え]

17 わり算⑴ 何十，何百のわり算

りかい

▶▶▶ 答えはべっさつ5ページ ★点数★
点

1，**2**：式15点・答え15点　　**3**：式20点・答え20点

1 90まいの色紙を，3人で同じ数ずつ分けます。1人分は
　　3人分のまい数　　　　　　分ける人数

何まいになりますか。

[式]

	÷		=	
3人分のまい数		分ける人数		1人分のまい数

[答え] ☐ まい

2 長さが140cmのリボンを，7人で同じ長さに分けます。
　　　　　　7人分の長さ　　　　　　分ける人数

1人分は何cmになりますか。

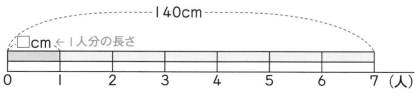

[式] ☐ ÷ ☐ = ☐

[答え] ☐ cm

3 400まいの色紙を，8人で同じ数ずつ分けます。1人分は
　　8人分のまい数　　　　　　分ける人数

何まいになりますか。

[式] ☐ ÷ ☐ = ☐

[答え] ☐ まい

18 わり算(1)
何十，何百のわり算

▶▶▶ 答えはべっさつ5ページ

点数

点

1，**2**：式10点・答え10点　**3**，**4**：式15点・答え15点

1 60まいの色紙を，3人で同じ数ずつ分けます。1人分は何まいになりますか。

[式]

[答え]

2 図工のじゅ業で使う200cmのはり金を，同じ長さずつ5本に切り分けることになりました。1本分の長さは何cmにすればよいですか。

[式]

[答え]

3 あるお店で，お店が開く前に270人の客がならびました。同じ人数ずつ9回に分けてお店に入るとき，1回に入る客は何人ですか。

[式]

[答え]

4 7人が同じ金がくずつお金を出しあって，420円のボールを買います。1人が出すお金は何円ですか。

[式]

[答え]

19 わり算（1）のまとめ
小鳥はどこへ行った？

▶▶▶ 答えはべっさつ5ページ

あきらさんがかっている小鳥がにげてしまいました。
下の4つの問題の答えにならない数字が
書かれている木にかくれてしまったようです。
小鳥がかくれている木に〇をつけましょう。

① 378本の花を9本ずつ束に分けると，何束できる？

② 81このあめを3こずつふくろに入れると，ふくろは何こできる？

③ 128このビー玉を4人で同じ数ずつ分けると，1人分は何こ？

④ 128本のペンを，1人に8本ずつ配ると，何人に配れる？

20 わり算(2)
2けたの数でわるわり算①

▶▶▶ 答えはべっさつ5ページ ★点数★　　　　　　点

1:式20点・答え20点　　**2**:式30点・答え30点

1 75まいの色紙を，1人に11まいずつ分けます。何人に

_{全体のまい数}　　　　　　　　　　_{1人分のまい数}

分けられて，何まいあまりますか。

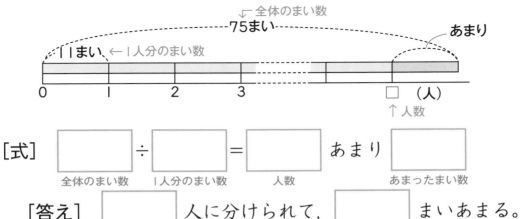

[式] ☐ ÷ ☐ = ☐ あまり ☐

　　_{全体のまい数}　_{1人分のまい数}　_{人数}　　　　_{あまったまい数}

[答え] ☐ 人に分けられて，☐ まいあまる。

2 80このキャラメルを，同じ数ずつ32人で分けます。

_{全体のこ数}　　　　　　　　　　　_{人数}

1人分は何こで，何こあまりますか。

[式] ☐ ÷ ☐ = ☐ あまり ☐

　　　　[答え] 1人分は ☐ こで，☐ こあまる。

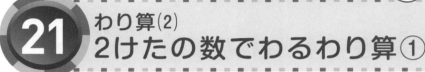

㉑ わり算(2) 2けたの数でわるわり算①

りかい

▶▶▶ 答えはべっさつ6ページ 点数 ★

点

■, ②:式15点・答え15点 ③:式20点・答え20点

1 54本のえん筆を，I人にI2本ずつ分けます。何人に分け
　　全体の本数　　　　　　　　　I人分の本数
られて，何本あまりますか。

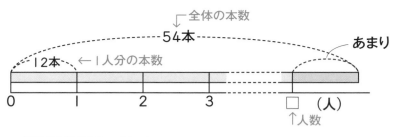

[式] ☐ ÷ ☐ = ☐ あまり ☐

　　[答え] ☐ 人に分けられて， ☐ 本あまる。

2 85まいの色紙を，同じ数ずつ41人で分けます。I人分は
　　全体のまい数　　　　　　　　　人数
何まいで，何まいあまりますか。

[式] ☐ ÷ ☐ = ☐ あまり ☐

　　[答え] I人分は ☐ まいで， ☐ まいあまる。

3 99cmのリボンを，22cmずつの短いリボンに切り分け
　　全体の長さ　　　　　　　I本分の長さ
ます。短いリボンが何本とれて，何cmあまりますか。

[式] ☐ ÷ ☐ = ☐ あまり ☐

　　　[答え] ☐ 本とれて， ☐ cmあまる。

22 わり算(2)
2けたの数でわるわり算①

練習

▶▶▶ 答えはべっさつ6ページ

点数　★　　★

点

1, **2**:式10点・答え10点　　**3**, **4**:式15点・答え15点

1 36このチョコレートを，同じ数ずつ12人で分けます。
1人分は何こになりますか。

[式]

[答え]

2 55まいの画用紙を，同じまい数ずつ24人で分けます。
1人分は何まいで，何まいあまりますか。

[式]

[答え]

3 45人が1列に13人ずつならぶと，13人の列は何列でき
て，最後の列には何人ならぶことになりますか。

[式]

[答え]

4 95人の児童がいます。33人ずつでグループをつくると，
33人のグループは何こできて，最後のグループは何人に
なりますか。

[式]

[答え]

23 わり算(2)
2けたの数でわるわり算①

練習

▶▶▶ 答えはべっさつ6ページ

点数

点

1, **2**：式10点・答え10点　　**3**, **4**：式15点・答え15点

1 95まいの色紙を，34まいずつ束にしていきます。
何束できて，色紙は何まいあまりますか。

[式]

[答え]

2 65cmのはり金を，21cmずつに切り分けます。
何本とれて，何cmのはり金があまりますか。

[式]

[答え]

3 87この花の種を，43このはちに，同じ数だけ植えてい
きます。種は何こずつ植えることができて，何こあまり
ますか。

[式]

[答え]

4 72まいの作文用紙を，23まいずつ分けていきます。
作文用紙の束は何束できて，何まいあまりますか。

[式]

[答え]

24 わり算(2) 2けたの数でわるわり算②

▶▶▶ 答えはべっさつ6ページ ★点数★

点

1:式20点・答え20点　　**2**:式30点・答え30点

1 80本のえん筆を，同じ数ずつ13人で分けます。1人分は
　　　全体の本数　　　　　　　　　　　　　　人数

何本で，何本あまりますか。

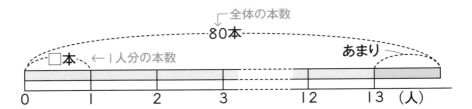

[式] 　□ ÷ □ = □ あまり □
　　　全体の本数　　人数　　1人分の本数　　　あまった本数

[答え]　1人分は □ 本で， □ 本あまる。

2 98このキャラメルを，24こずつ箱につめていきます。
　　　全体のこ数　　　　　　　1箱分のこ数

何箱できて，キャラメルは何こあまりますか。

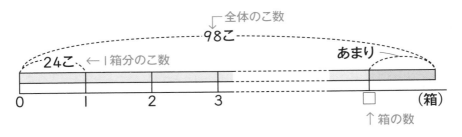

[式] 　□ ÷ □ = □ あまり □

[答え] □ 箱できて， □ こあまる。

25 わり算(2)
2けたの数でわるわり算②

▶▶▶ 答えはべっさつ7ページ　点数

点

1, 2 ：式15点・答え15点　　3 ：式20点・答え20点

1 96このあめを，同じ数ずつ17このふくろに入れます。
全体のこ数　　　　　　　　　　ふくろの数

1ふくろに入るあめは何こで，何こあまりますか。

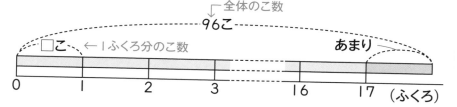

[式]　□ ÷ □ = □ あまり □

[答え]　1ふくろ分は □ こで，□ こあまる。

2 60まいの半紙を，同じ数ずつ14人で分けます。1人分は
全体のまい数　　　　　　　　　　人数

何まいで，何まいあまりますか。

[式]　□ ÷ □ = □ あまり □

[答え]　1人分は □ まいで，□ まいあまる。

3 80cmのリボンを，25cmずつに切り分けます。25cmの
全体の長さ　　　　　　1本分の長さ

リボンは何本とれて，何cmあまりますか。

[式]　□ ÷ □ = □ あまり □

[答え]　□ 本とれて，□ cmあまる。

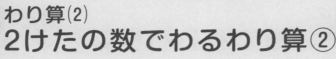

26 わり算(2)
2けたの数でわるわり算②

▶▶▶ 答えはべっさつ7ページ ★点数★

点

1, **2**：式10点・答え10点　**3**, **4**：式15点・答え15点

1 96まいの色紙を，同じ数ずつ16人に分けます。1人分の色紙は何まいですか。

[式]

[答え]

2 68本のえん筆を，17本ずつ友達（ともだち）に分けます。何人の友達に分けられますか。

[式]

[答え]

3 75cmのリボンを，1人に12cmずつ分けます。何人に分けられて，何cmあまりますか。

[式]

[答え]

4 55このチョコレートを，同じ数ずつ27人に分けます。1人分のチョコレートは何こで，何こあまりますか。

[式]

[答え]

27 わり算(2) 2けたの数でわるわり算②

▶▶▶ 答えはべっさつ7ページ

1, **2**：式10点・答え10点　**3**, **4**：式15点・答え15点

点数　　　点

1 84さつのノートを，同じ数ずつ28人の子どもに分けます。1人分は何さつですか。

[式]

[答え]

2 80このみかんを，同じ数ずつ26人で分けます。1人分のみかんは何こで，何こあまりますか。

[式]

[答え]

3 85このボールを，同じ数ずつ18のクラスに分けます。1クラス分のボールは何こで，何こあまりますか。

[式]

[答え]

4 95cmの紙テープを，24cmずつ短く切り分けます。短い紙テープは何本とれて，何cmあまりますか。

[式]

[答え]

28 わり算(2)
2けたの数でわるわり算③

▶▶▶ 答えはべっさつ7ページ　点数

点

1：式20点・答え20点　　2：式30点・答え30点

1 300このあめを、同じ数ずつ32このふくろに入れます。
全体のこ数　　　　　　　　　　　　　ふくろの数

1ふくろ分は何こで、何こあまりますか。

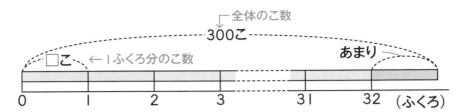

[式]
```
         ÷         =         あまり
全体のこ数　ふくろの数　1ふくろ分のこ数　　あまったこ数
```

[答え]　1ふくろ分は　　　　こで、　　　　こあまる。

2 225このおはじきを、同じ数ずつ27人に分けます。
全体のこ数　　　　　　　　　　　　　人数

1人分は何こで、何こあまりますか。

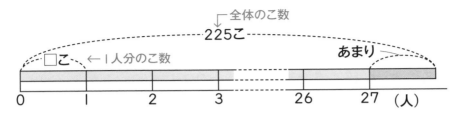

[式]
```
         ÷         =         あまり
```

[答え]　1人分は　　　　こで、　　　　こあまる。

29 わり算(2) 2けたの数でわるわり算③

▶▶▶ 答えはべっさつ7ページ 点数

点

1, **2**：式15点・答え15点　　**3**：式20点・答え20点

1 200cmのリボンを，24cmずつに切り分けます。24cm
全体の長さ　　　　　　　　　　1本の長さ

のリボンは何本できて，何cmあまりますか。

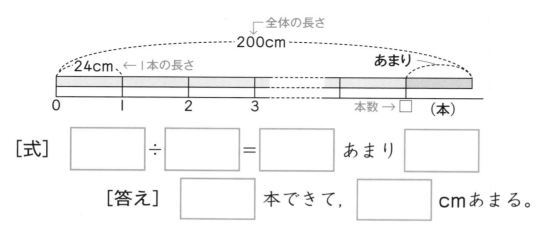

[式] ☐ ÷ ☐ = ☐ あまり ☐

　　　[答え] ☐ 本できて，☐ cmあまる。

2 325まいの半紙を，同じ数ずつ36人で分けます。1人分
全体のまい数　　　　　　　　人数

は何まいで，何まいあまりますか。

[式] ☐ ÷ ☐ = ☐ あまり ☐

　　　[答え]　1人分は ☐ まいで，☐ まいあまる。

3 195このあめを，同じ数ずつ27人の子どもに分けます。
全体のこ数　　　　　　　　人数

1人分は何こで，何こあまりますか。

[式] ☐ ÷ ☐ = ☐ あまり ☐

　　　[答え]　1人分は ☐ こで，☐ こあまる。

30 わり算(2)
2けたの数でわるわり算③

練習

▶▶▶ 答えはべっさつ8ページ

点数

点

1, **2**：式10点・答え10点　　**3**, **4**：式15点・答え15点

1 275まいの色紙を,同じ数ずつ35人の子どもに分けます。
1人分は何まいで,何まいあまりますか。

[式]

[答え]

2 220このビー玉を,28こずつふくろに入れます。
何ふくろできて,ビー玉は何こあまりますか。

[式]

[答え]

3 145このたまごを,16こ入りのパックにつめていきます。
パックは何こできて,たまごは何こあまりますか。

[式]

[答え]

4 250このボールを26こずつ箱に入れることになりました。箱は何箱必要で,ボールは何こあまりますか。

[式]

[答え]

31 わり算(2)
2けたの数でわるわり算③

練習

▶▶▶ 答えはべっさつ8ページ　★点数★

1, **2**:式10点・答え10点　　**3**, **4**:式15点・答え15点

点

1 384cmの紙テープを同じ長さに切って，64本の短い紙テープにします。I本の長さは何cmになりますか。

[式]

[答え]

2 315このりんごを，同じ数ずつ35この箱に入れます。
I箱に入るりんごは何こになりますか。

[式]

[答え]

3 400このビーズを，Iふくろに46こずつ入れます。
ビーズが46こ入ったふくろが何こできて，ビーズは何こあまりますか。

[式]

[答え]

4 450さつのノートを，同じ数ずつ56人の子どもに配ります。I人分は何さつで，何さつあまりますか。

[式]

[答え]

32 わり算(2)
2けたの数でわるわり算④

▶▶▶ 答えはべっさつ8ページ　★点数★

1 ：式20点・答え20点　　2 ：式30点・答え30点

点

1 320まいの色紙を，26まいずつの束に分けます。

全体のまい数　　　　　1束分のまい数

束は何束できて，色紙は何まいあまりますか。

[式]　□ ÷ □ = □ あまり □

全体のまい数　1束分のまい数　　束の数　　　あまったまい数

[答え]　□ 束できて，　□ まいあまる。

2 756cmのリボンを，32cmずつに切り分けます。

全体の長さ　　　　　1本の長さ

32cmのリボンは何本できて，何cmあまりますか。

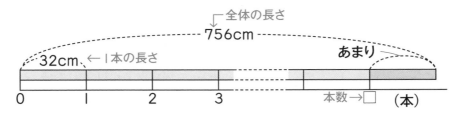

[式]　□ ÷ □ = □ あまり □

[答え]　□ 本できて，　□ cmあまる。

33 わり算(2)
2けたの数でわるわり算④

りかい

▶▶▶ 答えはべっさつ9ページ ★点数★

点

1, 2：式15点・答え15点　　3：式20点・答え20点

1 490このおはじきを，同じ数ずつ21人で分けます。
全体のこ数　　　　　　　　　　　　　分ける人数

1人分は何こで，何こあまりますか。

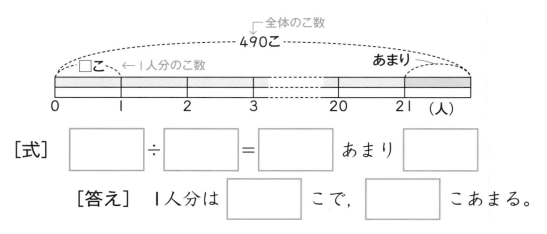

全体のこ数
490こ
□こ ←1人分のこ数　　　　　あまり
0　　1　　2　　3　　20　　21 （人）

[式] ☐ ÷ ☐ = ☐ あまり ☐

　　[答え]　1人分は ☐ こで，☐ こあまる。

2 920このあめを，同じ数ずつ38この箱に入れます。
全体のこ数　　　　　　　　　　箱の数

1箱分のあめの数は何こで，何こあまりますか。

[式] ☐ ÷ ☐ = ☐ あまり ☐

　　[答え]　1箱分は ☐ こで，☐ こあまる。

3 690cmのはり金を，17cmずつに短く切り分けます。
全体の長さ　　　　　　　切り分ける長さ

短いはり金は何本できて，何cmあまりますか。

[式] ☐ ÷ ☐ = ☐ あまり ☐

　　[答え] ☐ 本できて，☐ cmあまる。

34 わり算⑵ 2けたの数でわるわり算④

▶▶▶ 答えはべっさつ9ページ 　点数

点

1, 2：式10点・答え10点　　3, 4：式15点・答え15点

1 800人を，同じ人数ずつ32のはんに分けます。1つの
はんの人数は何人ですか。

[式]

　　　　　　　　　　　　　[答え]

2 680このクッキーを，同じ数ずつ24この箱に入れます。
1箱分のクッキーは何こで，何こあまりますか。

[式]

　　　　　　　　　[答え]

3 575まいの色紙を，同じ数ずつ19人で分けます。1人分
は何まいで，何まいあまりますか。

[式]

　　　　　　　　　[答え]

4 945このあめを，1箱に48こずつ入れます。あめが48こ
入った箱は何箱できて，あめは何こあまりますか。

[式]

　　　　　　　　　[答え]

35 わり算(2) 2けたの数でわるわり算④

▶▶▶ 答えはべっさつ9ページ

1, **2**：式10点・答え10点　**3**, **4**：式15点・答え15点

1 540本のえん筆を，同じ数ずつ45この箱に入れます。
1箱に入るえん筆は何本ですか。

[式]

[答え]

2 900まいの画用紙を，同じ数ずつ18のクラスに分けます。
1クラス分は何まいになりますか。

[式]

[答え]

3 600cmの紙テープを，35cmずつに切り分けます。35cm
の紙テープは何本できて，何cmあまりますか。

[式]

[答え]

4 987このあめを，びんに65こずつ入れます。65このあ
めが入ったびんは何こできて，あめは何こあまりますか。

[式]

[答え]

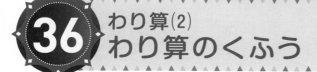

36 わり算(2)
わり算のくふう

▶▶▶ 答えはべっさつ9ページ

点

1：式20点・答え20点　　**2**：式30点・答え30点

1 30000まいの紙を，600まいずつの束に分けます。600
　　　　全体のまい数　　　　　　 1束のまい数

まいの紙の束は何束できますか。

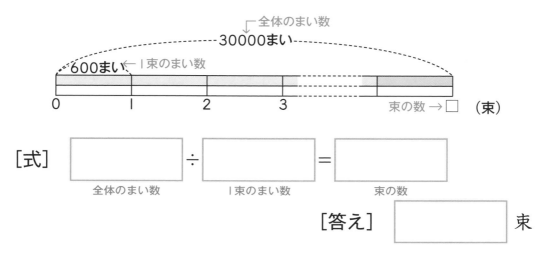

[式] ☐ ÷ ☐ = ☐
　　　全体のまい数　　1束のまい数　　束の数

[答え] ☐ 束

2 1950このビー玉を，80こずつ箱に入れます。80この
　　　全体のこ数　　　　　 1箱のこ数

ビー玉が入った箱は何箱できて，何このビー玉があまり
ますか。

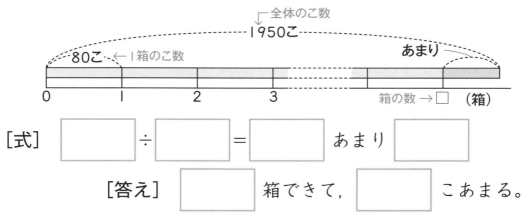

[式] ☐ ÷ ☐ = ☐ あまり ☐

[答え] ☐ 箱できて， ☐ こあまる。

③⑦ わり算⑵ わり算のくふう

▶▶▶ 答えはべっさつ10ページ　★点数★

☐1，☐2：式15点・答え15点　☐3：式20点・答え20点

1 28000まいの紙を，300まいずつの束にします。何束で
　　全体のまい数　　　　　 1束のまい数

きて，紙は何まいあまりますか。

┌ 全体のまい数
・・・・・・28000まい・・・・・・
300まい ← 1束のまい数　　　　　　　　あまり

0　　1　　2　　3　　　　　　　☐（束）
　　　　　　　　　　　　　　↑ 束の数

[式] ☐ ÷ ☐ = ☐ あまり ☐

　　[答え] ☐ 束できて， ☐ まいあまる。

2 54000円を，90人で同じ金がくずつに分けます。1人分
　　全体の金がく　　人数

は何円ですか。

[式] ☐ ÷ ☐ = ☐

　　　　　　　　　　　　[答え] ☐ 円

3 64800円のお金を，1人に2600円ずつ分けます。何人
　　全体の金がく　　　　　　　1人分の金がく

に分けられて，何円あまりますか。

[式] ☐ ÷ ☐ = ☐ あまり ☐

　　[答え] ☐ 人に分けられて， ☐ 円あまる。

38 わり算(2)
わり算のくふう

▶▶▶ 答えはべっさつ10ページ

点数

点

1, 2：式10点・答え10点　　3, 4：式15点・答え15点

1 こども会の会費を集めたところ，68000円集まりました。
1人1700円ずつ出したとすると，お金を出したのは何人
ですか。

[式]

[答え]

2 野球場に，5600人の観客がならびました。1回で400人
ずつ入場するとき，何回で全員の観客が入場し終わりま
すか。

[式]

[答え]

3 8000まいのはがきを，300まいずつの束に分けます。
何束できて，何まいあまりますか。

[式]

[答え]

4 97200まいの紙を，2500まいずつ箱に入れます。箱は
何箱必要で，紙は何まいあまりますか。

[式]

[答え]

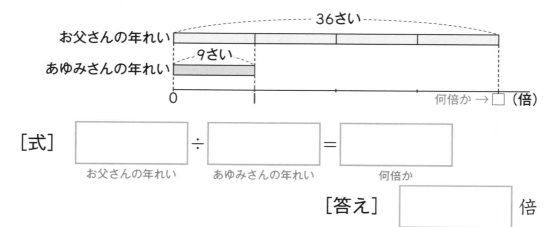

39 倍の見方
倍の計算

りかい

▶▶▶ 答えはべっさつ10ページ　★点数★

点

1 : 式20点・答え20点　　**2** : 式30点・答え30点

1 あゆみさんの年れいは**9**才, お父さんの年れいは**36**才です。

1とみる大きさ　　　　何倍かを求める大きさ

お父さんの年れいは, あゆみさんの年れいの何倍ですか。

[式] ☐ ÷ ☐ = ☐

お父さんの年れい　あゆみさんの年れい　何倍か

[答え] ☐ 倍

2 だいすけさんの体重は**24kg**で, お父さんの体重はだいす

1とみる大きさ

けさんの体重の**3**倍です。お父さんの体重は何**kg**ですか。

3にあたる大きさ

[式] ☐ × ☐ = ☐

だいすけさんの体重　何倍か　お父さんの体重

[答え] ☐ kg

40 倍の見方 倍の計算

▶▶▶ 答えはべっさつ10ページ

点

1:式20点・答え20点　　2:式30点・答え30点

1 問題集のねだんは780円です。ざっしのねだんは260円です。問題集のねだんは, ざっしのねだんの何倍ですか。

何倍かを求める大きさ　　　　　1とみる大きさ

780円

問題集

260円

ざっし

0　　　　　　　　□ (倍)←何倍か

[式] 　　　　　÷　　　　　＝

問題集のねだん　　　ざっしのねだん　　　何倍か

[答え] 　　　　　倍

2 プリンのねだんは70円で, ケーキのねだんはプリンのね

1とみる大きさ

だんの4倍です。ケーキのねだんは何円ですか。

何倍か

ケーキのねだん

□円

ケーキのねだん

70円

プリンのねだん

0　　　1　　　　　　4 (倍)

[式] 　　　　　×　　　　　＝

プリンのねだん　　　何倍か　　　ケーキのねだん

[答え] 　　　　　円

43

41 倍の見方 倍の計算

▶▶▶ 答えはべっさつ11ページ　点数

点

1, **2**：式10点・答え10点　　**3**, **4**：式15点・答え15点

1 えり子さんが計算の問題をといたところ, 16問正かいし, 4問まちがえました。正かいした問題の数は, まちがえた問題の数の何倍ですか。

[式]

[答え]

2 お母さんの年れいは32才で, ゆみさんの年れいの4倍です。ゆみさんの年れいは何才ですか。

[式]

[答え]

3 電柱の高さは6mで, ビルの高さは電柱の高さの5倍です。ビルの高さは何mですか。

[式]

[答え]

4 えん筆のねだんは130円で, 筆箱のねだんはえん筆のねだんの7倍です。筆箱のねだんは何円ですか。

[式]

[答え]

42 倍の見方 倍の計算

 練習

▶▶▶ 答えはべっさつ11ページ

点数

点

1, **2**：式10点・答え10点　**3**, **4**：式15点・答え15点

1 たくやさんの家では犬とねこをかっています。犬の体重は，ねこの体重の3倍の12kgです。ねこの体重は何kgですか。

[式]

[答え]

2 長方形の形をしたつくえのたての長さは54cm，横の長さは216cmです。横の長さは，たての長さの何倍ですか。

[式]

[答え]

3 ひろしさんのお父さんの体重は，ひろしさんの弟の体重の7倍です。ひろしさんの弟の体重が12kgのとき，ひろしさんのお父さんの体重は何kgですか。

[式]

[答え]

4 たつやさんの学校の4年生の児童数は85人で，学校全体の児童数はその6倍です。学校全体の児童数は何人ですか。

[式]

[答え]

43 倍の見方　かん単な割合（わりあい）

▶▶▶ 答えはべっさつ11ページ

点数　点

式：各35点　答え：30点

2本のゴムＡ，Ｂがあります。ゴムＡののびる前の長さは

10cm，のびた後の長さは30cmで，ゴムＢののびる前の長さ
　もとにする量（りょう）　　　　　　　　くらべられる量

は20cm，のびた後の長さは40cmです。どちらがよくのび
　　もとにする量　　　　　　　　　　くらべられる量

るといえますか。

ゴムＡ　0　　　　　10←もとにする量　　30（cm）←くらべられる量

のびる前

のびた後

0　　　　　1　　　　　　　割合（わりあい）→□（倍）

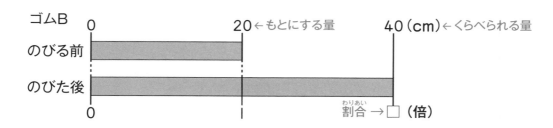

ゴムＢ　0　　　　　20←もとにする量　　40（cm）←くらべられる量

のびる前

のびた後

0　　　　　1　　　　　　　割合（わりあい）→□（倍）

[式]

ゴムＡ　□　÷　□　＝　□
　　　くらべられる量　もとにする量　割合（わりあい）

ゴムＢ　□　÷　□　＝　□
　　　くらべられる量　もとにする量　割合（わりあい）

[答え]　ゴム□

44 倍の見方 かん単な割合

 練習

▶▶▶ 答えはべっさつ11ページ 点数

点

1 ①, ②式15点・答え10点　　**2**：式30点・答え20点

1 ある店で，Ａ，Ｂ2種類のりんごを売っており，それぞれね上げをすることになりました。

① りんごＡは1こ60円が120円になりました。りんごＡは，もとのねだんの何倍になっていますか。

[式]

[答え]

② りんごＢは1こ50円が150円になりました。りんごＢは，もとのねだんの何倍になっていますか。

[式]

[答え]

2 2本のばねＡ，Ｂがあります。ばねＡののびる前の長さは16cm，のびた後の長さは64cmで，ばねＢののびる前の長さは25cm，のびた後の長さは75cmです。どちらがよくのびるといえますか。

[式]

[答え]

47

学校までは何m?

▶▶▶ 答えはべっさつ12ページ

みなみさんの家と学校は1本の道ぞいにあって，とちゅうでゆう便局，公園を通るよ。次のじょうほうをもとに，家から学校までの道のりを求めよう。

① みなみさんの家からゆう便局までは，500m

② ゆう便局から公園までの道のりは，みなみさんの家からゆう便局までの道のりの2倍

③ 公園から学校までの道のりの6倍は，みなみさんの家から公園までの道のりと同じ

みなみさんの家から学校までは ☐ m

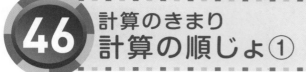

46 計算のきまり
計算の順じょ①

りかい

▶▶▶ 答えはべっさつ12ページ

点数 点

1：式20点・答え20点　**2**：式30点・答え30点

1 1本120円のジュースを1本と，1こ170円のパンを1こ
　　ジュースのねだん　　　　　　　　　　　　　　パンのねだん

買い，500円はらいました。おつりは何円ですか。
　　　　はらったお金

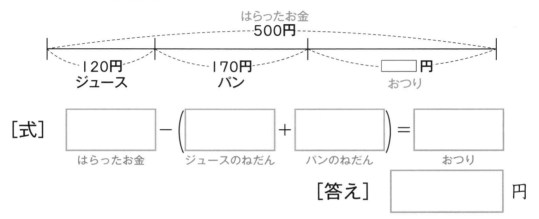

はらったお金
500円

120円　　170円　　　□円
ジュース　パン　　　おつり

[式] 　□ － (　□ ＋ 　□) ＝ 　□
　　はらったお金　ジュースのねだん　パンのねだん　　　おつり

[答え] 　□ 円

2 あゆみさんは1本70円のえん筆と1こ100円の消しごむ
　　　　　　　　　　えん筆のねだん　　　　　　消しごむのねだん

を組にして買います。850円では何組買えますか。
　　　　　　　　　　持っているお金

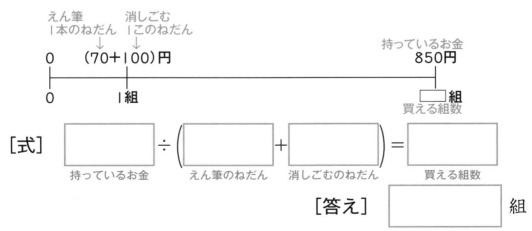

えん筆　　消しごむ
1本のねだん　1このねだん
↓　　　　↓
0　　(70+100)円　　　　　　　持っているお金
　　　　　　　　　　　　　　　　850円

0　　　1組　　　　　　　　□組
　　　　　　　　　　　　買える組数

[式] 　□ ÷ (　□ ＋ 　□) ＝ 　□
　　持っているお金　えん筆のねだん　消しごむのねだん　買える組数

[答え] 　□ 組

47 計算のきまり
計算の順じょ①

▶▶▶ 答えはべっさつ12ページ

点数

点

1, **2**：式15点・答え15点　　**3**：式20点・答え20点

1 1こ398円のケーキを1こと，1ふくろ380円のせんべい
ケーキのねだん　　　　　　　　　　　　　せんべいのねだん

を1ふくろ買い，1000円はらいました。おつりは何円で
はらったお金

すか。

はらったお金
1000円

398円　　　　　380円　　　　　☐円
ケーキ　　　　　せんべい　　　　　おつり

[式] ☐ － (☐ ＋ ☐) ＝ ☐

[答え] ☐ 円

2 だいきさんは1さつ580円のざっしを1さつと，1本150
ざっしのねだん　　　　　　　　　　　ジュースのねだん

円のジュースを1本買い，5000円はらいました。おつり
はらったお金

は何円ですか。

[式] ☐ － (☐ ＋ ☐) ＝ ☐

[答え] ☐ 円

3 みさきさんは1まい15円のふうとうと1まい80円の切手
ふうとうのねだん　　　　　　　　　切手のねだん

を組にして買います。760円では何組買えますか。
持っているお金

[式] ☐ ÷ (☐ ＋ ☐) ＝ ☐

[答え] ☐ 組

48 計算のきまり
計算の順じょ①

▶▶▶ 答えはべっさつ13ページ

点数

点

■1■, ■2■:式10点・答え10点　■3■, ■4■:式15点・答え15点

1 1本150円のジュースを1本と, 1こ140円のパンを1こ
買い, 500円はらいました。おつりは何円ですか。
[式]

[答え]

2 まさみさんのクラスで千羽づるを折ることになり, 男子
は360羽, 女子は480羽の折りづるを折りました。あと
何羽の折りづるを折れば千羽づるができますか。
[式]

[答え]

3 みゆきさんのクラスは全員で, 男子が14人, 女子が17
人です。クラス全員で, 465まいの色紙を同じまい数ず
つ分けるとき, 1人分は何まいになりますか。
[式]

[答え]

4 あるデパートでは, ある商品を1週間で5000こ売る目標
をたてました。水曜日までに3500こ売る予定でしたが,
実さいには, 予定よりも140こ少ないこ数しか売れませんで
した。あと何こ売れば目標のこ数を売ることができますか。
[式]

[答え]

49 計算のきまり
計算の順じょ②

▶▶▶ 答えはべっさつ13ページ

点数 ★ ★ | 点

1：式20点・答え20点　　**2**：式30点・答え30点

1 1本150円のジュースを3本買って，500円はらいました。
　　ジュース1本のねだん　　　本数　　　はらったお金
おつりは何円ですか。

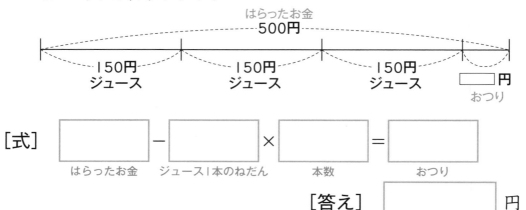

[式]

□	−	□	×	□	=	□
はらったお金		ジュース1本のねだん		本数		おつり

[答え] □ 円

2 50円の箱に1こ45円のみかんを6こ入れてもらいました。
　　箱のねだん　　みかん1このねだん　　　こ数
代金は全部で何円ですか。

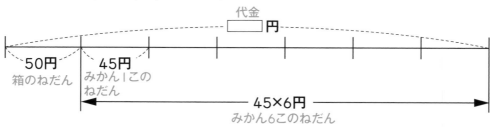

[式]

□	+	□	×	□	=	□
箱のねだん		みかん1このねだん		こ数		代金

[答え] □ 円

50 計算のきまり
計算の順じょ②

▶▶▶ 答えはべっさつ13ページ

点数 ☆ 点

1, **2**：式15点・答え15点　　**3**：式20点・答え20点

1 1こ**390円**のおべん当を**3こ**買って，**2000円**はらいました。

おべん当1このねだん　　　こ数　　　はらったお金

おつりは何円ですか。

はらったお金
2000円

390円　　390円　　390円　　　□円
おべん当　おべん当　おべん当　　　おつり

[式] ☐ － ☐ × ☐ = ☐

[答え] ☐ 円

2 1こ**260円**のケーキを**5こ**買って，**1500円**はらいました。

ケーキ1このねだん　　　こ数　　　はらったお金

おつりは何円ですか。

[式] ☐ － ☐ × ☐ = ☐

[答え] ☐ 円

3 1こ**160円**の消しごむ1こと，1本**70円**のえん筆を**8本**買

消しごむ1このねだん　　　えん筆1本のねだん　　　えん筆の本数

いました。代金は全部で何円ですか。

[式] ☐ ＋ ☐ × ☐ = ☐

[答え] ☐ 円

51 計算のきまり
計算の順じょ②

▶▶▶ 答えはべっさつ13ページ

点数

点

1, **2**：式10点・答え10点　**3**, **4**：式15点・答え15点

1 150円の箱に1こ85円のケーキを8こ入れてもらいました。代金は何円ですか。

[式]

[答え]

2 150L 入る水そうに5L ずつ13回水を入れました。あと何 L の水を入れることができますか。

[式]

[答え]

3 350cmのひもから，15cmのひもを9本切り取りました。ひもは何cm残りますか。

[式]

[答え]

4 けんじさんはカードを78まい持っており，さらに3まいで1セットになっているカードを5セット買いました。けんじさんの持っているカードは全部で何まいになりましたか。

[式]

[答え]

52 計算のきまりのまとめ
ケーキはいくらかな

▶▶▶ 答えはべっさつ14ページ

ケーキを買いに行きました。150円の箱に入れてもらうとき代金はいくらになりますか？正しい代金を線でむすびましょう。

箱代　150円

250円のケーキ
5こ

450円のケーキ
3こ

300円のケーキ
4こ

400円のケーキ
5こ

1000	1000	1000	1000
100 100	1000	500	100 100
100 50	100 50		100 100

53 小数のたし算とひき算
小数のたし算

▶▶▶ 答えはべっさつ14ページ

1：式20点・答え20点　　**2**：式30点・答え30点

点

1 みかんが**5.24kg**あります。このみかんを**0.18kg**の箱に
　　　　　みかんの重さ　　　　　　　　　　　　　　　　箱の重さ

つめると, 重さは全部で何**kg**になりますか。

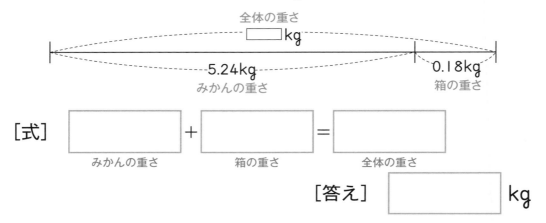

全体の重さ
◯kg

5.24kg
みかんの重さ

0.18kg
箱の重さ

[式] ◯ ＋ ◯ ＝ ◯
　　みかんの重さ　　箱の重さ　　全体の重さ

[答え] ◯ kg

2 よう器にジュースが入っていました。たかしさんが**0.87L**
　　　　　　　　　　　　　　　　　　　　　　　　　　　飲んだ量

飲んだので,残りが**2.69L**になりました。はじめにジュー
　　　　のこ　　　　残った量

スは何**L**ありましたか。

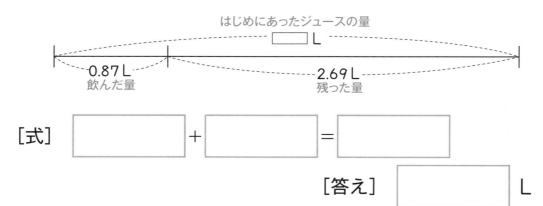

はじめにあったジュースの量
◯L

0.87L
飲んだ量

2.69L
残った量

[式] ◯ ＋ ◯ ＝ ◯

[答え] ◯ L

54 小数のたし算とひき算
小数のたし算

▶▶▶ 答えはべっさつ14ページ

1, **2**：式15点・答え15点　　**3**：式20点・答え20点

1 東駅から図書館を通って西駅に行きます。東駅から図書館までは**1.367km**，図書館から西駅までは**2.852km**あ

東駅から図書館までの道のり　　　　　　　図書館から西駅までの道のり

ります。東駅から西駅までは何kmありますか。

東駅から西駅までの道のり
◯km

1.367km ～～～ 2.852km
東駅から図書館までの道のり　図書館から西駅までの道のり

[式] ☐ ＋ ☐ ＝ ☐

[答え] ☐ km

2 重さが**0.12kg**のびんにさとうが**7.58kg**入っています。

びんの重さ　　　　　　さとうの重さ

全体の重さは何kgですか。

[式] ☐ ＋ ☐ ＝ ☐

[答え] ☐ kg

3 ひもがあります。ななさんが**1.8m**切り取ったので，残り

切り取った長さ

の長さが**3.278m**になりました。はじめのひもの長さは

残りの長さ

何mでしたか。

[式] ☐ ＋ ☐ ＝ ☐

[答え] ☐ m

55 小数のたし算とひき算
小数のたし算

▶▶▶ 答えはべっさつ14ページ

1, 2:式10点・答え10点　　3, 4:式15点・答え15点

1 水そうに水が4.38L 入っています。この中に水を7.69L 入れると水そうの中の水は何Lになりますか。

[式]

[答え]

2 かなさんは昨日（きのう），りんごを12.73kgしゅうかくしました。今日は9.17kgしゅうかくしました。2日間合わせて何kgしゅうかくしましたか。

[式]

[答え]

3 さとうがあります。ゆうこさんが41.86g使ったので，残（のこ）りが77.42gになりました。はじめにさとうは何gありましたか。

[式]

[答え]

4 ロープがあります。しんじさんが17.26m使ったので，残りが8.84mになりました。はじめにロープは何mありましたか。

[式]

[答え]

56 小数のたし算とひき算
小数のたし算

▶▶▶ 答えはべっさつ15ページ

点数 ★ ★

点

1, **2**：式10点・答え10点 **3**, **4**：式15点・答え15点

1 たけしさんは家から駅に向かいました。とちゅうの本屋まで1.376km歩きました。駅まではあと0.878kmあります。家から駅までは何kmありますか。

[式]

[答え]

2 たつやさんの去年のソフトボール投げの記録は34.35mでした。今年は去年より7.67m記録がのびました。今年の記録は何mですか。

[式]

[答え]

3 ひとみさんはおかしを作るために牛にゅうを0.676L使ったので，残りが0.293Lになりました。はじめに牛にゅうは何Lありましたか。

[式]

[答え]

4 米があります。1.378kg使ったので，残りが6.932kgになりました。はじめに米は何kgありましたか。

[式]

[答え]

57 小数のたし算とひき算
小数のひき算

▶▶▶ 答えはべっさつ15ページ 点数

点

1：式20点・答え20点　　**2**：式30点・答え30点

1 ジュースが2.18Lあります。0.69L飲むと残りは何Lに
　　　はじめにあった量　　　　　　　飲んだ量

なりますか。

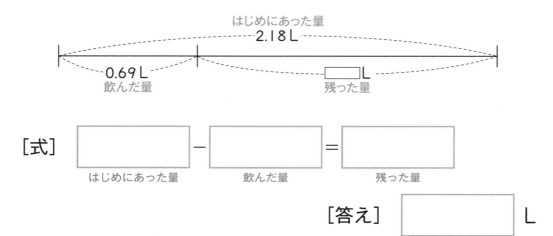

はじめにあった量
2.18L

0.69L
飲んだ量

□L
残った量

[式] ☐ − ☐ = ☐

　　　はじめにあった量　　　飲んだ量　　　残った量

[答え] ☐ L

2 0.84kgの箱にりんごを入れて重さをはかったら，全体で
　　　箱の重さ

5.77kgありました。りんごだけの重さは何kgですか。
　　全体の重さ

全体の重さ
5.77kg

0.84kg
箱の重さ

□kg
りんごだけの重さ

[式] ☐ − ☐ = ☐

[答え] ☐ kg

58 小数のたし算とひき算
小数のひき算

▶▶▶ 答えはべっさつ15ページ

点数　　　　点

1, 2：式15点・答え15点　　3：式20点・答え20点

1 東駅から図書館を通って5.235kmはなれた西駅に行きま
東駅から西駅までの道のり

す。東駅から図書館までは1.985kmあります。図書館か
東駅から図書館までの道のり

ら西駅までは何kmありますか。

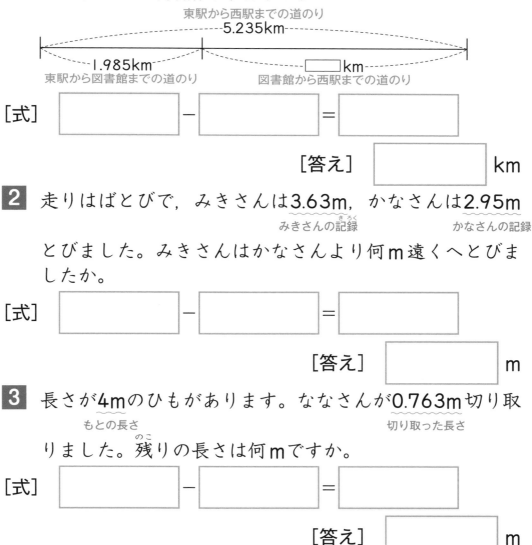

東駅から西駅までの道のり
5.235km

1.985km　　　　　　　　□km
東駅から図書館までの道のり　　図書館から西駅までの道のり

[式] ☐ − ☐ = ☐

[答え] ☐ km

2 走りはばとびで，みきさんは3.63m，かなさんは2.95m
みきさんの記録　　　　　　　　かなさんの記録

とびました。みきさんはかなさんより何m遠くへとびま
したか。

[式] ☐ − ☐ = ☐

[答え] ☐ m

3 長さが4mのひもがあります。ななさんが0.763m切り取
もとの長さ　　　　　　　　　　切り取った長さ

りました。残りの長さは何mですか。

[式] ☐ − ☐ = ☐

[答え] ☐ m

59 小数のたし算とひき算
小数のひき算

▶▶▶ 答えはべっさつ15ページ

点数

点

1, **2**：式10点・答え10点　　**3**, **4**：式15点・答え15点

1 米が2.65kgあります。1.79kg使うと残りは何kgになりますか。

[式]

[答え]

2 ペットボトルに1.5Lのジュースが入っています。0.46L飲むと，残りは何Lになりますか。

[式]

[答え]

3 みかんが5kgありました。近所の人たちにいくらかあげたので，残りが1.84kgになりました。近所の人たちにあげたのは何kgですか。

[式]

[答え]

4 さとうが4.83kgあります。いくらかたしたので合わせて7.23kgになりました。たしたのは何kgですか。

[式]

[答え]

60 小数のたし算とひき算
小数のひき算

▶▶▶ 答えはべっさつ16ページ

点数

点

1, **2**：式10点・答え10点　　**3**, **4**：式15点・答え15点

1 ジュースがペットボトルに1.346L，コップに0.489L
入っています。ペットボトルに入っているジュースの量
はコップに入っているジュースの量より何L多いですか。

[式]

[答え]

2 ゆうきさんはおじさんとつりに行きました。ゆうきさん
がつった魚は14.56cm，おじさんのつった魚は
31.05cmでした。おじさんがつった魚はゆうきさんが
つった魚より何cm大きいですか。

[式]

[答え]

3 水そうに水が10L入っています。水を0.658Lくみ出す
と，残りは何Lになりますか。

[式]

[答え]

4 家から学校まで3kmあります。とちゅうまで歩きました
が，まだ0.328km残っています。歩いたのは何kmですか。

[式]

[答え]

▶▶▶ 答えはべっさつ16ページ

1 :式20点・答え20点　　**2** :式30点・答え30点

点数　　　　　　点

1 塩が**3.26kg**あります。**2.88kg**使ったところ, 少なくなっ
　　　はじめにあった重さ　　　　使った重さ

たので**4.74kg**加えました。塩の重さは何**kg**になりまし
　　　　　　　　　加えた重さ
たか。

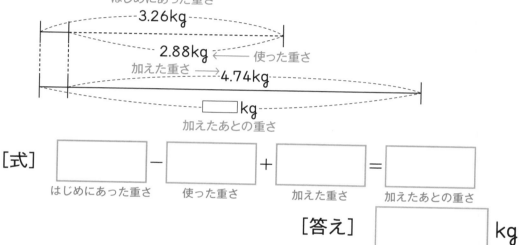

[式] ☐ − ☐ + ☐ = ☐
　　はじめにあった重さ　使った重さ　加えた重さ　加えたあとの重さ

　　　　　　　　　　　　[答え] ☐ **kg**

2 ジュースが**5L**あります。ゆうこさんが**0.69L**, さとる
　　　　　　はじめにあった量　　　　　　ゆうこさんが飲んだ量

さんが**1.44L**飲むと残りは何**L**になりますか。
　さとるさんが飲んだ量

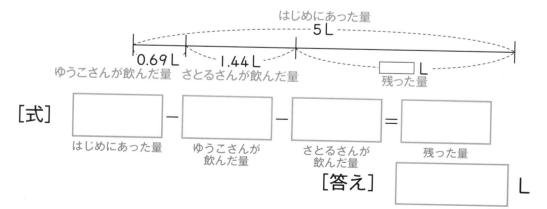

[式] ☐ − ☐ − ☐ = ☐
　　はじめにあった量　ゆうこさんが　さとるさんが　残った量
　　　　　　　　　　飲んだ量　　飲んだ量

　　　　　　[答え] ☐ **L**

62 小数のたし算とひき算
小数のたし算・ひき算

 りかい

 ▶▶▶ 答えはべっさつ16ページ

点数☆

点

1, **2**:式15点・答え15点　**3**:式20点・答え20点

1 だいきさんは，はじめにももを4.136kg持っていました。
　　　　　　　　　だいきさんがはじめに持っていた量(りょう)

まゆさんに1.561kg，ゆかさんに1.189kgあげました。
　　　　まゆさんにあげた量　　　　　　　　ゆかさんにあげた量

残(のこ)ったももは何kgですか。

```
            だいきさんがはじめに
            持っていた量
        ┌───── 4.136kg ─────┐
    ┌─────┬─────┬────────┐
    1.561kg  1.189kg   □kg
    まゆさんに ゆかさんに  残った量
    あげた量  あげた量
```

[式]　□ － □ － □ ＝ □

　　　　　　　　　　　　[答え]　□ kg

2 長さが6.289mのロープがあります。最初(さいしょ)に1.379m切り
　　　　　　　　はじめにあった長さ　　　　　　　　　　　　　最初に切り取った長さ

取り，そのあと2.879m切り取ると残りは何mですか。

　　　　　　　　　次に切り取った長さ

[式]　□ － □ － □ ＝ □

　　　　　　　　　　　　[答え]　□ m

3 つよしさんの体重は31.46kgで，さとしさんはつよしさ
んより4.87kg軽く，ひろしさんはさとしさんより8.54kg
　つよしさんとさとしさんの体重の差(さ)　　　　　さとしさんとひろしさんの体重の差

重いです。ひろしさんの体重は何kgですか。

[式]　□ － □ ＋ □ ＝ □

　　　　　　　　　　　　[答え]　□ kg

63 小数のたし算とひき算
小数のたし算・ひき算

練習

▶▶▶ 答えはべっさつ16ページ　★点数★

1, **2**：式10点・答え10点　　**3**, **4**：式15点・答え15点

点

1 水そうに水が17.838L 入っています。4.743L 加（くわ）えてから，2.561L くみ出しました。水そうに入っている水は何Lになりますか。

[式]

[答え]

2 9.64kgのさとうを，8.736kg使ってから10.36kg加えると，残（のこ）りは全部で何kgになりますか。

[式]

[答え]

3 ひろしさん，みさきさん，ななさんの3人でジュースを分けます。ひろしさんの分は2.658L で，みさきさんの分はひろしさんの分より0.386L 少なく，ななさんの分はみさきさんの分より1.039L 少なくなりました。ななさんは何L もらいましたか。

[式]

[答え]

4 ともみさん，かずやさん，じゅんさんの3人で3kmのコースを走ってリレーをします。ともみさんが0.682km，かずやさんが1.227kmを走ると，じゅんさんが走るのは何kmですか。

[式]

[答え]

64 小数のたし算とひき算のまとめ
はちみつはどれだけ残るかな？

▶▶▶ 答えはべっさつ17ページ

くまがはちみつを3kg持って，森の中を散歩して広場まで行くよ。くまは歩きながらはちみつを食べてしまうけど，とちゅうでみつばちからはちみつをもらうことができるよ。広場に着いたとき，はちみつがいちばん多く残るのは，どの道を通ったときかな。道をなぞってみよう。ただし，道は矢印の方向にしか進めないよ。

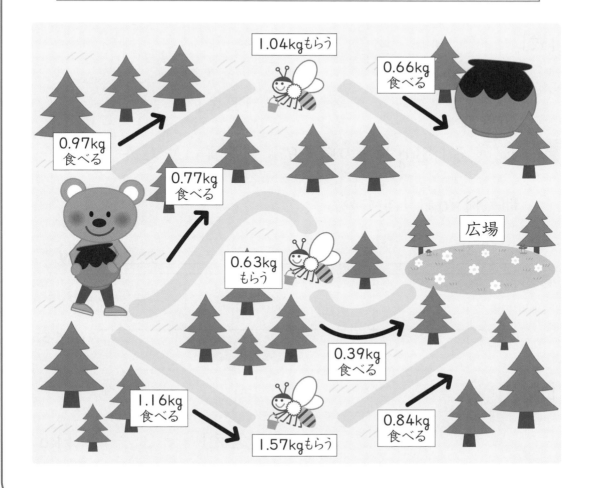

小数のかけ算とわり算
小数のかけ算

▶▶▶ 答えはべっさつ17ページ 点数

　点

1：式20点・答え20点　　**2**：式30点・答え30点

1 0.4L 入りのお茶を7本買いました。お茶は全部で何Lありますか。

1本あたりの量　　買った本数

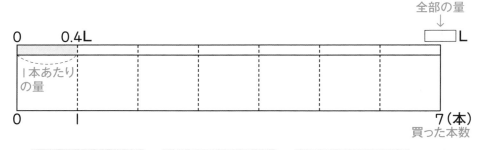

[式]
□ × □ = □

1本あたりの量　　買った本数　　全部の量

[答え] □ L

2 1ふくろ1.8kg入りの塩を9ふくろ買いました。塩は全部で何kgありますか。

1ふくろの量　　買ったこ数

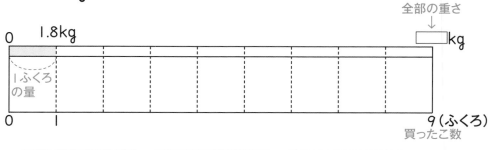

[式]
□ × □ = □

[答え] □ kg

66 小数のかけ算とわり算
小数のかけ算

 りかい

▶▶▶ 答えはべっさつ17ページ

点数 ★
点

1, **2**：式15点・答え15点　**3**：式20点・答え20点

1 ロープを2.6mずつ23人に配ります。全部で何m必要ですか。
　　　　　　1人分の長さ　　配った人数

0 2.6m　　　　　　　　　　　　　全部の長さ → ☐m

1人分の
長さ

0 1　　　　　　　　　　　　　　　　23(人)
　　　　　　　　　　　　　　　　　　配った人数

[式] ☐ × ☐ = ☐

[答え] ☐ m

2 1mの重さが2.9kgの鉄のぼうがあります。この鉄のぼう
　　　　　　　1mあたりの重さ

7mの重さは何kgですか。
ぼうの長さ

[式] ☐ × ☐ = ☐

[答え] ☐ kg

3 ある食器あらい機は1回で13.5Lの水を使います。この
　　　　　　　　　　　　1回で使う量

食器あらい機で17回食器をあらうと，水を何L使うこと
　　　　　　　あらった回数

になりますか。

[式] ☐ × ☐ = ☐

[答え] ☐ L

67 小数のかけ算とわり算
小数のかけ算

▶▶▶ 答えはべっさつ17ページ

点数 ★

点

1, 2：式10点・答え10点　　3, 4：式15点・答え15点

1 0.7kg入りのかんづめが5こあります。重さは全部で
何kgですか。

[式]

[答え]

2 からの水そうに1.3Lずつ水を入れると，7回でいっぱい
になります。水そうには全部で何Lの水が入りますか。

[式]

[答え]

3 1箱に25.4kgのじゃがいもが入っています。6箱あると，
全部で何kgになりますか。

[式]

[答え]

4 ひろしさんは毎日，ジョギングで5.76km走ります。5日
間で何km走りますか。

[式]

[答え]

68 小数のかけ算とわり算
小数のかけ算

▶▶▶ 答えはべっさつ18ページ

点

1, **2**：式10点・答え10点　　**3**, **4**：式15点・答え15点

1 0.9L 入りのジュースを13本買いました。全部で何Lですか。

[式]

[答え]

2 25人でリレーをします。1人1.2kmずつ走ると, 全員で何km走ることになりますか。

[式]

[答え]

3 ひもを35.6cmずつ17人に配ります。全部で何cm必要ですか。

[式]

[答え]

4 1こ14.8gのいちごを35こ買いました。重さは全部で何gですか。

[式]

[答え]

小数のかけ算とわり算
小数のわり算

▶▶▶ 答えはべっさつ18ページ

点数 　　　　　　　点

1：式20点・答え20点　**2**：式30点・答え30点

1 ジュースが7.2Lあります。このジュースを6人で同じ量ず
　　　　　全体の量　　　　　　　　　　　　分けた人数

つ分けると，1人分は何Lになりますか。

[式] 　　　　　　÷　　　　　　＝
　　　全体の量　　　　分けた人数　　　1人分の量

　　　　　　　　　　　　[答え] 　　　　　　L

2 さとうが28.8kgと，塩が9kgあります。さとうの重さは
　　　　　　さとうの重さ　　　　　塩の重さ

塩の重さの何倍ですか。

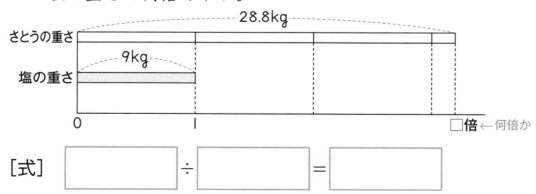

[式] 　　　　　　÷　　　　　　＝

　　　　　　　　　　　　[答え] 　　　　　　倍

70 小数のかけ算とわり算
小数のわり算

▶▶▶ 答えはべっさつ18ページ

点数

点

■1, ■2：式15点・答え15点　　■3：式20点・答え20点

1 長さが**43.8m**のロープがあります。このロープから**7m**

全体の長さ　　　　　　　　　　　　　　　　　　　　　　　　1本あたりの長さ

のロープは何本とれて，何mあまりますか。

全体の長さ
43.8m

7m
1本あたりの長さ

本
とれる本数

m
あまり

[式] ☐ ÷ ☐ = ☐ あまり ☐

[答え] ☐ 本とれて ☐ mあまる。

2 つよしさんの体重は**32kg**，たかしさんの体重は**40kg**で

1とみる大きさ　　　　　　　　　　　　　　　　何倍かを求める大きさ

す。たかしさんの体重はつよしさんの体重の何倍ですか。

[式] ☐ ÷ ☐ = ☐

[答え] ☐ 倍

3 水が**0.8L**あります。この水を**5つ**のコップに同じ量ずつ

全体の量　　　　　　　　　　　　　分けるコップの数

分けると，1つのコップに水は何L入りますか。

[式] ☐ ÷ ☐ = ☐

[答え] ☐ L

71 小数のかけ算とわり算
小数のわり算

練習

▶▶▶ 答えはべっさつ18ページ　★点数★

1, **2**：式10点・答え10点　　**3**, **4**：式15点・答え15点

点

1 4.8kmのマラソンコースを，6人で同じきょりずつ走ります。1人が走るきょりは何kmですか。

[式]

[答え]

2 水が7.2Lあります。この水を8本の水とうに同じ量ずつ分けると，1本の水とうに水は何L入りますか。

[式]

[答え]

3 米が70.2kgあります。この米を27まいのふくろに同じ量ずつ入れると，1ふくろに米は何kg入りますか。

[式]

[答え]

4 長さが10.8mのロープがあります。このロープを同じ長さの24本に切り分けると，1本の長さは何mになりますか。

[式]

[答え]

72 小数のかけ算とわり算
小数のわり算

練習

▶▶▶ 答えはべっさつ19ページ

点数

点

1, **2**：式10点・答え10点　　**3**, **4**：式15点・答え15点

1 水そうに水が45.7L 入っています。この水を4L ずつびんに入れると，水の入ったびんは何本できて，何L あまりますか。

[式]

[答え]

2 米が89.3kgあります。この米を12kgずつふくろに入れると，何ふくろできて何kgあまりますか。

[式]

[答え]

3 大小2つの水そうがあります。大きい水そうには水が32L，小さい水そうには水が20L 入っています。大きい水そうに入っている水の量は小さい水そうに入っている水の量の何倍ですか。

[式]

[答え]

4 東町から中町までは18km，東町から西町までは63kmあります。東町から西町までのきょりは東町から中町までのきょりの何倍ですか。

[式]

[答え]

73 小数のかけ算とわり算
小数のたし算・ひき算・かけ算・わり算

▶▶▶ 答えはべっさつ19ページ　点数　　　　　　　点

1：式20点・答え20点　　**2**：式30点・答え30点

1 水そうに水を入れます。2.3Lずつ6回入れましたが, いっ

<u>1回で入れる量</u>　<u>入れた回数</u>

ぱいになるにはまだ0.68Lたりません。この水そうに水

<u>たりない量</u>

は何L入りますか。

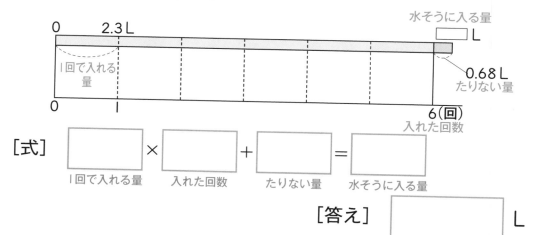

[式] ☐ × ☐ ＋ ☐ ＝ ☐

　　1回で入れる量　　入れた回数　　たりない量　　水そうに入る量

[答え] ☐ L

2 1.5L入りのジュースが9本あります。8.4L飲むと残りは

<u>1本分の量</u>　　　　　　<u>本数</u>　　　　　　<u>飲んだ量</u>

何Lになりますか。

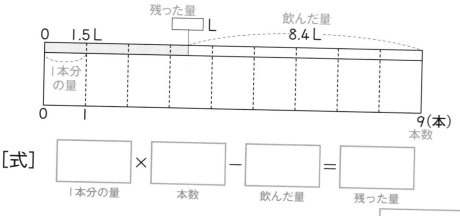

[式] ☐ × ☐ － ☐ ＝ ☐

　　1本分の量　　本数　　飲んだ量　　残った量

[答え] ☐ L

74 小数のかけ算とわり算
小数のたし算・ひき算・かけ算・わり算

▶▶▶ 答えはべっさつ19ページ　★点数★

点

1：式20点・答え20点　　2：式30点・答え30点

1 ゆうこさんは0.6L入りの牛にゅうを11本，さきさんは

　1本あたりの量　　　　　　　買った本数

1.3L入りの牛にゅうを1本買いました。ゆうこさんが

1本あたりの量

買った牛にゅうの量は，さきさんが買った牛にゅうの量
より何L多いですか。

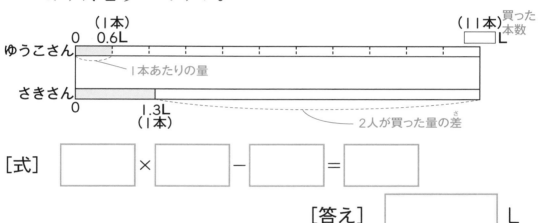

[式] 　□　×　□　−　□　=　□

[答え] 　□　L

2 12人で駅伝大会に出場します。11人が1.2kmずつ走り，

最後の1人が1.5km走ります。全員で何km走りますか。

最後の1人が走るきょり

[式] 　□　×　□　+　□　=　□

[答え] 　□　km

75 小数のかけ算とわり算
小数のたし算・ひき算・かけ算・わり算　練習

▶▶▶ 答えはべっさつ19ページ　点数

点

■ , ② :式10点・答え10点　　③ , ④ :式15点・答え15点

1 米を1.8kgずつ16人に配ったところ，8.8kg残りました。
はじめに米は何kgありましたか。

[式]

[答え]

2 まりこさんは月曜日から土曜日までは1日に4.2kmずつ
走り，日曜日には5.8km走ります。1週間で何km走る
ことになりますか。

[式]

[答え]

3 子ども会で，1.5L入りのジュースを25本用意し，みん
なで飲みましたが，1.8Lあまりました。飲んだジュース
の量は何Lですか。

[式]

[答え]

4 みさきさんは，長さ27.2mのリボンを16等分しました。
ななさんは，長さ1.9mのリボンを持っています。ななさ
んのリボンの長さは，みさきさんが切り分けたあとのリ
ボン1本分の長さより何m長いですか。

[式]

[答え]

76 小数のかけ算とわり算のまとめ
すきな動物はなに？

▶▶▶ 答えはべっさつ20ページ

> あつこさんのすきな動物は何でしょう？
> あつこさんが出す問題の答えが書いてある
> ます目をすべてぬると動物の絵が出てくるよ。
> 出てきた動物の絵にまるをつけよう。

わたしは毎日ジョギングをしています。
月曜日から土曜日までは
毎日1.9km走ります。
日曜日は2.5km走ります。
1週間で何km走りますか。

イヌ

クマ

カメ

6.5km	6.5km	6.5km	13.9km	13.9km	13.9km	13.9km	13.9km	21.1km	21.1km
6.5km	21.1km	13.9km	13.9km	21.1km	21.1km	6.5km	13.9km	13.9km	21.1km
6.5km	21.1km	13.9km	6.5km	21.1km	6.5km	21.1km	6.5km	13.9km	6.5km
13.9km	13.9km	13.9km	6.5km	13.9km	6.5km	13.9km	6.5km	13.9km	13.9km
13.9km	6.5km	6.5km	21.1km	21.1km	6.5km	13.9km	21.1km	13.9km	6.5km
13.9km	21.1km	6.5km	21.1km	21.1km	6.5km	13.9km	6.5km	13.9km	21.1km
13.9km	6.5km	21.1km	6.5km	6.5km	6.5km	13.9km	13.9km	13.9km	21.1km
13.9km	13.9km	21.1km	6.5km	21.1km	21.1km	21.1km	6.5km	21.1km	21.1km
21.1km	13.9km	13.9km	13.9km	13.9km	6.5km	21.1km	6.5km	6.5km	6.5km
21.1km	21.1km	21.1km	21.1km	13.9km	13.9km	6.5km	6.5km	21.1km	21.1km

イルカ

ネコ

ウサギ

ゾウ

分数のたし算とひき算
分数のたし算

りかい

▶▶▶ 答えはべっさつ20ページ

★ 点数 ★

点

1 : 式20点・答え20点　　**2** : 式30点・答え30点

1 $\frac{5}{7}$kgの米が入っているふくろに，$\frac{3}{7}$kgの米を入れます。

はじめに入っていた重さ　　　　　　　　　入れた重さ

米は全部で何kgになりますか。

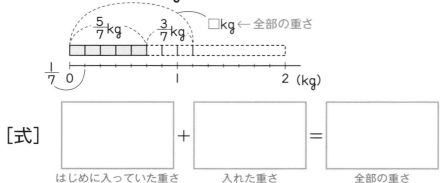

[式] ☐ ＋ ☐ ＝ ☐

　　はじめに入っていた重さ　　　入れた重さ　　　　全部の重さ

[答え] ☐ kg

2 水が，大きいバケツに$1\frac{1}{6}$L，小さいバケツに$\frac{4}{6}$L入って

大きいバケツの水の量　　　　　　　　小さいバケツの水の量

います。合わせて何Lありますか。

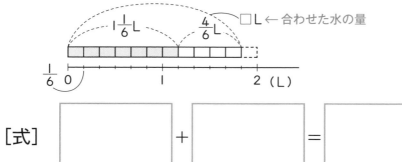

[式] ☐ ＋ ☐ ＝ ☐

[答え] L

78 分数のたし算とひき算
分数のたし算

▶▶▶ 答えはべっさつ20ページ

1：式20点・答え20点　　**2**：式30点・答え30点

1 家から公園までは $\frac{7}{10}$km，公園から学校までは $\frac{6}{10}$km あ

（家から公園までの道のり）（公園から学校までの道のり）

ります。家から公園を通って学校まで行く道のりは何km
ですか。

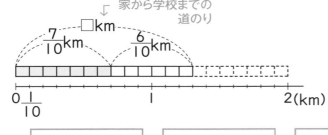

[式] □ ＋ □ ＝ □

[答え] □ km

2 $\frac{5}{13}$m のひもと $\frac{7}{13}$m のひもがあります。合わせて何mで

一方の長さ　　もう一方の長さ

すか。

[式] □ ＋ □ ＝ □

[答え] □ m

79 分数のたし算とひき算
分数のたし算

▶▶▶ 答えはべっさつ20ページ

点数

点

1, 2：式10点・答え10点　　3, 4：式15点・答え15点

1 $\frac{7}{9}$kgと$\frac{5}{9}$kgのねん土があります。合わせて何kgですか。

［式］

　　　　　　　　　　　　　　　　　　　　　［答え］

2 $\frac{5}{8}$Lの油が入っている入れ物に，$\frac{7}{8}$Lの油を入れます。

油は全部で何Lになりますか。

［式］

　　　　　　　　　　　　　　　　　　　　　［答え］

3 すなが，白いふくろに$\frac{5}{6}$kg，黒いふくろに$\frac{3}{6}$kg入ってい

ます。すなは全部で何kgありますか。

［式］

　　　　　　　　　　　　　　　　　　　　　［答え］

4 トラックで，午前は$1\frac{2}{3}$t，午後は$\frac{2}{3}$tの荷物を運びました。

一日で運んだ荷物は何tですか。

［式］

　　　　　　　　　　　　　　　　　　　　　［答え］

80 分数のたし算とひき算
分数のたし算

練習

▶▶▶ 答えはべっさつ21ページ

点数

点

■1, ■2：式10点・答え10点　　■3, ■4：式15点・答え15点

1 ケーキを作るのに $\dfrac{7}{11}$ kg, クッキーを作るのに $\dfrac{5}{11}$ kgのさ

とうを使いました。全部で何kgのさとうを使いましたか。

[式]

[答え]

2 $\dfrac{3}{7}$ Lの水に $\dfrac{4}{7}$ Lの水を加えると, 何Lになりますか。

[式]

[答え]

3 $3\dfrac{6}{8}$ m²の花だんと $4\dfrac{7}{8}$ m²の花だんがあります。花だんの

面積は合わせて何m²ですか。

[式]

[答え]

4 ジュースを2L買い, さらに $\dfrac{7}{10}$ Lもらいました。ジュー

スは全部で何Lになりましたか。

[式]

[答え]

81 分数のたし算とひき算
分数のひき算

 りかい

▶▶▶ 答えはべっさつ21ページ

点数 　点

1 :式20点・答え20点　　**2** :式30点・答え30点

1 やかんに $\frac{5}{8}$ L の水が入っています。$\frac{2}{8}$ L 使うと，残りは

はじめに入っていた水の量　　　　使った水の量

何 L ですか。

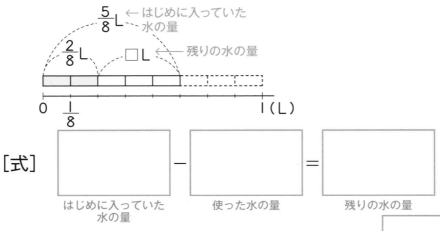

[式] □ － □ ＝ □

はじめに入っていた　　使った水の量　　　残りの水の量
水の量

[答え] □ L

2 畑が $\frac{5}{7}$ ha, 田んぼが $1\frac{2}{7}$ ha あります。ちがいは何 ha ですか。

畑の面積　　　　田んぼの面積

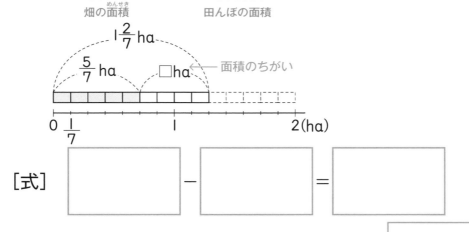

[式] □ － □ ＝ □

[答え] □ ha

84

82 分数のたし算とひき算
分数のひき算

りかい

▶▶▶ 答えはべっさつ21ページ

点数 ★

点

1：式20点・答え20点　　**2**：式30点・答え30点

1 家から学校までの道のりは $2\frac{1}{4}$ km です。$\frac{3}{4}$ km 進むと,

　　　　　　　　　　　全体の道のり　　　　進んだ道のり

残りは何 km ですか。

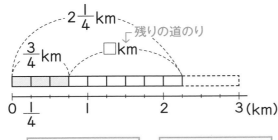

[式] ☐ − ☐ = ☐

[答え] ☐ km

2 ジュースが $\frac{4}{5}$ L あります。$\frac{2}{5}$ L 飲むと, 残りは何 L ですか。

はじめにあった量　　　飲んだ量

[式] ☐ − ☐ = ☐

[答え] ☐ L

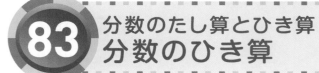

83 分数のたし算とひき算
分数のひき算

▶▶▶ 答えはべっさつ21ページ 〔点数〕

　　　　　　　点

1, 2：式10点・答え10点　　3, 4：式15点・答え15点

1 $\frac{5}{9}$kgの塩のうち$\frac{1}{9}$kgを使うと，残りは何kgですか。

[式]

　　　　　　　　　　　　　　[答え]

2 $\frac{12}{8}$kgのメロンがあります。$\frac{5}{8}$kg食べました。メロンは
あと何kgありますか。

[式]

　　　　　　　　　　　　　　[答え]

3 $4\frac{1}{5}$mのロープから$\frac{3}{5}$m切り取りました。ロープはあと
何mありますか。

[式]

　　　　　　　　　　　　　　[答え]

4 2Lのペンキのうち，$\frac{3}{4}$Lを使ってかべをぬりました。
何Lのペンキが残っていますか。

[式]

　　　　　　　　　　　　　　[答え]

84 分数のたし算とひき算
分数のひき算

▶▶▶ 答えはべっさつ22ページ 点数

点

1, **2**：式10点・答え10点　　**3**, **4**：式15点・答え15点

1 青いリボンは $\frac{9}{11}$ m，赤いリボンは $\frac{5}{11}$ mです。ちがいは何mですか。

[式]

[答え]

2 さくらさんは，おじさんとりんごがりにいきました。おじさんは $5\frac{2}{5}$ kg，さくらさんは $3\frac{4}{5}$ kgのりんごをとりました。2人がとったりんごの重さのちがいは何kgですか。

[式]

[答え]

3 $\frac{3}{10}$ kgの入れ物に米を入れてその重さをはかったら，$4\frac{7}{10}$ kgでした。米だけの重さは何kgですか。

[式]

[答え]

4 つよしさんは，ケーキを作るために5Lの牛にゅうのうち $1\frac{1}{9}$ Lを使いました。牛にゅうはあと何L残っていますか。

[式]

[答え]

85 分数のたし算とひき算
分数のたし算・ひき算

▶▶▶ 答えはべっさつ22ページ

1：式20点・答え20点　　2：式30点・答え30点

1 $\frac{2}{5}$kgの小麦粉があります。$\frac{4}{5}$kg買ってきてから$\frac{3}{5}$kg使

もとの重さ　　　　　　　　　　買った重さ　　　　　　　使った重さ

いました。残りは何kgになりますか。

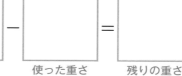

[式] 　□ ＋ □ － □ ＝ □

　　もとの重さ　　買った重さ　　使った重さ　　残りの重さ

[答え] 　□ kg

2 $\frac{9}{7}$Lの水があります。$\frac{1}{7}$L飲んでから$\frac{5}{7}$L加えると，水

はじめにあった量　　　　　　飲んだ量　　　　　　　加えた量

は何Lになりますか。

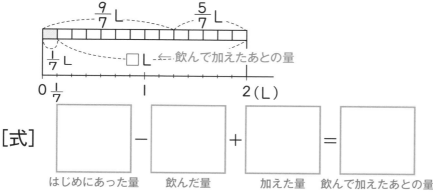

[式] 　□ － □ ＋ □ ＝ □

　はじめにあった量　　飲んだ量　　　加えた量　　飲んで加えたあとの量

[答え] 　□ L

86 分数のたし算とひき算
分数のたし算・ひき算

▶▶▶ 答えはべっさつ23ページ

点

1 ：式20点・答え20点　　2 ：式30点・答え30点

1 $\frac{3}{4}$kgの土と$1\frac{1}{4}$kgの土を合わせてから，$1\frac{3}{4}$kg使いまし

　　　一方の重さ　　　もう一方の重さ　　　　　　　　　使った重さ

た。土はあと何kgありますか。

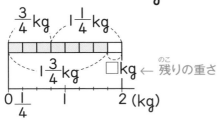

[式]　□ ＋ □ － □ ＝ □

[答え]　□ kg

2 お茶が$1\frac{2}{10}$Lあります。ゆうかさんはさらに$\frac{3}{10}$Lのお茶を

　　　はじめにあった量　　　　　　　　　　　　　　　作った量

作ってから，$\frac{1}{10}$L飲みました。お茶は何L残っていますか。

　　　飲んだ量

[式]　□ ＋ □ － □ ＝ □

[答え]　□ L

分数のたし算とひき算
分数のたし算・ひき算

▶▶▶ 答えはべっさつ23ページ

点数

点

1, **2**:式10点・答え10点　**3**, **4**:式15点・答え15点

1 $\frac{5}{6}$Lのコーヒーと1$\frac{1}{6}$Lの牛にゅうをまぜてコーヒー牛にゅうを作りました。そのうち, $\frac{4}{6}$L飲むと何L残りますか。

[式]

[答え]

2 10Lの灯油があります。5$\frac{3}{5}$L買ってきてから, $\frac{4}{5}$L使うと, 残りは何Lになりますか。

[式]

[答え]

3 4$\frac{3}{8}$kgの小麦粉があります。2$\frac{4}{8}$kg使ってから1$\frac{5}{8}$kg加えると, 何kgになりますか。

[式]

[答え]

4 ゆきなさんは, 工作をするためにリボンを3m買いました。しかし, 2$\frac{5}{8}$m使ってから残りが少なくなったので, あと1m買い足しました。リボンは何mになりましたか。

[式]

[答え]

88 分数のたし算とひき算のまとめ
スイッチを切って

▶▶▶ 答えはべっさつ23ページ

計算をして，答えが書かれているスイッチとつながった
マスを黒くぬりつぶそう。残った言葉をならびかえると，
たからのありかがわかるよ！

答えを
みちびく
かぎ

$$\frac{8}{9} + \frac{6}{9} \qquad \frac{8}{7} - \frac{2}{7} \qquad \frac{14}{6} - \frac{4}{6}$$

$$1\frac{1}{5} + \frac{2}{5} \qquad 1\frac{5}{6} + \frac{2}{6}$$

$4\frac{2}{9}$

$\frac{3}{5}$

れい

$\frac{6}{7}$

$1\frac{4}{9}$

| ペ | イ | ギ | オ | フ | ン | シ | マ | ラ | ウ |

$1\frac{3}{5}$

$1\frac{2}{6}$

$\frac{14}{9}$

$2\frac{1}{6}$

$\frac{10}{6}$

ライオン

ペンギン

フクロウ

シマウマ

たからのありかは ☐

89 変わり方
変わり方を調べる

▶▶▶ 答えはべっさつ23ページ　★点数★

1, **2**：30点　**3**：40点

点

1 姉と妹で8さつのノートを分けます。姉のノートの数を
□さつ，妹のノートの数を◯さつとして，□と◯の関係

姉のノートの数　　　　　　　妹のノートの数

を式に表しましょう。

姉のノートの数（さつ）	1	2	3	4	5	←□さつ
妹のノートの数（さつ）	7	6	5	4	3	←◯さつ
2人の合計（さつ）	8	8	8	8	8	←きまりの数

[答え]　[　　　]　+　[　　　]　=　[　　　]

　　　　姉のノートの数　　妹のノートの数　　　きまりの数

2 1に100円のりんごをいくつか買います。りんごの数を□こ，

りんごの数

代金を◯円として，□と◯の関係を式に表しましょう。

代金

りんごの数（こ）	1	2	3	4	5	←きまり
代金（円）	100	200	300	400	500	の数

×100　×100　×100　×100　×100

[答え]　[　　　　　　　　　　　]

3 大人3人と何人かの子どもに1つずつあめを配ります。子
どもの数を□人，配るあめの数を◯ことして，□と◯の

子どもの人数　　　　　大人と子どもに配るあめの数

関係を式に表しましょう。

[答え]　[　　　　　　　　　　　]

90 変わり方
変わり方を調べる

▶▶▶ 答えはべっさつ24ページ

1, **2**：20点　**3**：①答え20点　②式20点・答え20点

1 兄と妹で10本のペンを分けます。兄の本数を□本，妹の本数を○本として，□と○の関係(かんけい)を式に表しましょう。

[答え]

2 横の長さを4cmと決めて，たての長さをいろいろと変え(か)て長方形を作ります。たての長さを□cm，できる長方形の面積(めんせき)を○cm²として，□と○の関係を式に表しましょう。

[答え]

チャレンジ

3 12dLのお茶を，何人かで等分します。
① 分ける人数を□人，1人分のお茶を○dLとして，□と○の関係を式に表しましょう。

[答え]

② 4dLずつ分けるとき，何人に分けることができますか。

[式]

[答え]

91 がい数
がい数を使った計算

りかい

▶▶▶ 答えはべっさつ24ページ ★点数★

点

1, **2**：式15点・答え15点　**3**：式20点・答え20点

1 186円のパンと312円のパンを買います。代金はおよそ
　　　一方のパンのねだん　　もう一方のパンのねだん

いくらですか。四捨五入して百の位までのがい数にして,
答えを見積もりましょう。

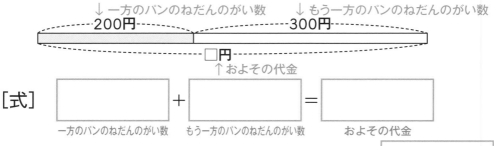

↓一方のパンのねだんのがい数　　↓もう一方のパンのねだんのがい数
200円　　　　　　　300円
□円
↑およその代金

[式] 　　　　　　＋　　　　　　＝
　　一方のパンのねだんのがい数　もう一方のパンのねだんのがい数　　およその代金

　　　　　　　　[答え]　およそ　　　　　　　円

2 3084gのねん土を29人で等分します。1人分の重さはお
　　　29人分のねん土の重さ　　　分ける人数

よそ何gになりますか。四捨五入して上から1けたのがい
数にして, 答えを見積もりましょう。

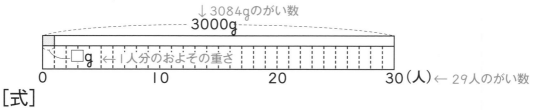

↓3084gのがい数
3000g
□g ←1人分のおよその重さ
0　　　　10　　　　20　　　　30(人)← 29人のがい数

[式]

　　　　　　[答え]　およそ　　　　　　　g

3 21人でお楽しみ会をするのに, 1人380円ずつ集めます。
　　　集める人数　　　　　　　　　　　1人から集めるお金

集まるお金はおよそいくらになりますか。四捨五入して
上から1けたのがい数にして, 答えを見積もりましょう。

[式]

　　　　　　[答え]　およそ　　　　　　　円

▶▶▶ 答えはべっさつ24ページ

	点

1, 2：式10点・答え10点　　3, 4：式15点・答え15点

1 2670円のシャツと4380円のズボンを買います。代金はおよそいくらになりますか。四捨五入して千の位までのがい数にして，答えを見積もりましょう。

[式]

[答え]

2 192gの製品が52こあります。全部の重さはおよそ何gになりますか。四捨五入して上から1けたのがい数にして，答えを見積もりましょう。

[式]

[答え]

3 3790cmのリボンを，48本に等分します。1本の長さはおよそ何cmになりますか。四捨五入して上から1けたのがい数にして，答えを見積もりましょう。

[式]

[答え]

4 570円の本と340円のペンを買います。百の位までのがい数にして代金を見積もって，1000円はらうと，おつりがおよそいくらになるか求めましょう。

[式]

[答え]

95

およそ1000の道を進んで

▶▶▶ 答えはべっさつ24ページ

見積もった答えが1000になる道を通るとゴールに
たどりつくよ。スタートからゴールまでを線で結ぼう。
(十の位で四捨五入してから計算しよう。)

スタート

| | 462 ＋ 482 | 1193 － 222 | 658 ＋ 463 |

| 435 ＋ 512 | 1230 － 148 | 2231 － 1170 | 1522 － 448 |

| 1661 － 585 | 1343 － 247 | 356 ＋ 574 | 265 ＋ 792 |

| 364 ＋ 799 | 865 ＋ 223 | 1847 － 776 | **ゴール** |

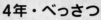

答えとおうちのかた手引き

わり算(1)
1けたの数でわるわり算①
▶▶▶ 本さつ4ページ

1 3人分のこ数 48　　分ける人数 3

　1人分のこ数 16　　　　[答え] 16こ

2 [式] 48 ÷ 4 ＝ 12　　　　[答え] 12こ
　　　全体の　1箱分　分けた
　　　本数　の本数　箱の数

ポイント

答えが出たら，1こ分の数に人数や箱の数をかけて，答えのたしかめをしましょう。例えば**1**では，1人分のこ数の16こに，分ける人数である「3人」をかけて，16×3＝48　で，答えがあっていることをたしかめることができます。

わり算(1)
1けたの数でわるわり算①
▶▶▶ 本さつ5ページ

1 [式] 72 ÷ 6 ＝ 12　　　[答え] 12まい
　　　6人分の　分ける　1人分の
　　　まい数　人数　まい数

2 [式] 56 ÷ 4 ＝ 14　　　[答え] 14さつ
　　　4箱分の　分ける　1箱分の
　　　ノートの数　箱の数　ノートの数

3 [式] 81 ÷ 3 ＝ 27　　　[答え] 27本
　　　全体の　切り分け　できる
　　　長さ　る長さ　本数

ポイント

全体の数や長さを，分ける人数や箱の数，切り分ける長さでわって答えを出します。**3**では，全体の長さである「81cm」を切り分ける長さである「3cm」でわるので，81÷3　という式になります。

わり算(1)
1けたの数でわるわり算①
▶▶▶ 本さつ6ページ

1 [式] 42÷3＝14　　　　[答え] 14こ

2 [式] 75÷5＝15　　　[答え] 15ページ

3 [式] 72÷4＝18　　　　[答え] 18こ

4 [式] 84÷7＝12　　　　[答え] 12まい

ポイント

1「42こ」が全体の数で，「3つ」が分ける箱の数なので，42を3でわります。
2「75ページ」が全体の数で，「5日」が分ける日数なので，75を5でわります。
3「72人」が全体の数で，「4人」ずつに分けるので，72を4でわります。
4「84まい」が全体の数で，「7人」が分ける人数なので，84を7でわります。

ここが ニガテ

われる数とわる数をとりちがえて計算しないように注意しましょう。そのためには，どの数が全体の数でどの数が分ける数なのかを理かいすることが大切です。

わり算(1)
1けたの数でわるわり算①　練習
▶▶▶ 本さつ7ページ

1 [式] 76÷4＝19　　　[答え] 19まい

2 [式] 90÷6＝15　　　[答え] 15日

3 [式] 96÷8＝12　　　[答え] 12本

4 [式] 84÷3＝28　　　[答え] 28こ

ポイント

1「76まい」が全体の数で，「4人」が分ける人数なので，76を4でわります。
2「90問」が全体の数で，「6問」が1日にとく問題数なので，90を6でわります。
3「96本」が全体の数で，「8こ」が分ける箱の数なので，96を8でわります。
4「84人」が全体の数で，「3人」ずつではんをつくるので，84を3でわります。

5 わり算⑴　1けたの数でわるわり算②

▶▶▶本さつ8ページ

1 全体のまい数　40　分ける人数　3

1人分のまい数　13

あまったまい数　1

[答え]　1人分は13まいで，1まいあまる。

2 [式]　70 ÷ 4 ＝ 17 あまり 2
　　全体の　 分ける　 1ふくろ　 あまった
　　 こ数　 ふくろの数　分のこ数　　こ数

[答え]　1ふくろに17こ入って，2こあまる。

ポイント

全体の数を，人数やふくろの数などの分ける数でわって答えを出します。**2** では「70こ」が全体の数，「4こ」が分ける数を表しています。

6 わり算⑴　1けたの数でわるわり算② りかい

▶▶▶本さつ9ページ

1 [式]　43 ÷ 4 ＝ 10 あまり 3
　　全体の　 分ける　 1人分の　 あまった
　　まい数　 人数　 まい数　 まい数

[答え]　1人分は10まいで，3まいあまる。

2 [式]　75 ÷ 6 ＝ 12 あまり 3
　　全体の　 分ける　 1ふくろ分　 あまった
　　 こ数　 ふくろの数　 のこ数　　 こ数

[答え]　1ふくろに12こ入って，3こあまる。

3 [式]　92 ÷ 3 ＝ 30 あまり 2
　　全体の　 1本分の　 とれる　 あまった
　　 長さ　 の長さ　 本数　　 長さ

[答え]　30本とれて，2cmあまる。

ポイント

1，**2** では，全体の数を人数やふくろの数などの分ける数でわります。**3** では，全体の長さを切り分ける長さでわります。

ここが ニガテ -

あまりの数は必ずわる数より小さくなることを覚えておきましょう。例えば，**2** で，商を11としてしまうと，75÷6＝11あまり9　となり，あまりの9がわる数の6より大きくなってしまいます。このことを覚えておいて答えのたしかめをするとまちがいが少なくなります。

7 わり算⑴　1けたの数でわるわり算② 練習

▶▶▶本さつ10ページ

1 [式]　90÷7＝12あまり6

[答え]　1人分は12こで，6こあまる。

2 [式]　64÷5＝12あまり4

[答え]　1箱は12こで，4こあまる。

3 [式]　80÷3＝26あまり2

[答え]　26こできて，2本あまる。

4 [式]　87÷8＝10あまり7

[答え]　10本できて，7cmあまる。

ポイント

1「90こ」が全体の数で，「7人」が分ける人数なので，90を7でわります。
2「64こ」が全体の数で，「5つ」が分ける箱の数なので，64を5でわります。
3「80本」が全体の数で，「3本」が分ける本数なので，80を3でわります。
4「87cm」が全体の長さで，「8cm」ずつに切り分けていくので，87を8でわります。

8 わり算⑴　1けたの数でわるわり算② 練習

▶▶▶本さつ11ページ

1 [式]　65÷4＝16あまり1

[答え]　16人に配れて，1こあまる。

2 [式]　95÷6＝15あまり5

[答え]　ふくろは15こできて，5こあまる。

3 [式]　82÷4＝20あまり2

[答え]　1人分は20まいで，2まいあまる。

4 [式]　92÷3＝30あまり2

[答え]　1箱は30こで，2こあまる。

3 [式] 648 ÷ 6 = 108
6週間で読む 小説を 1週間に
ページ数 読む期間 読むページ数

[答え] 108ページ

ポイント

全体の数を分ける数でわります。**3** では,「648ページ」が全体の数で,この数を「6週間」で読むので,6が分ける数となります。

ポイント

1 「65こ」が全体の数で,「4こ」が1人に分けるこ数なので,65を4でわります。
2 「95こ」が全体の数で,「6こ」が1ふくろに分けるこ数なので,95を6でわります。
3 「82まい」が全体の数で,「4人」が分ける人数なので,82を4でわります。
4 「92こ」が全体の数で,「3こ」が分ける箱の数なので,92を3でわります。

ここが ニガテ

あまりの数が何の数を表すかに注意しましょう。
例えば **1** では,商は配ることのできる人数,あまりはチョコレートのあまったこ数というようにちがうものの数となりますが,**3** では,商は1人分の色紙のまい数,あまりはあまった色紙のまい数というように同じものの数となります。

---

11 わり算(1)
1けたの数でわるわり算③ 練習
▶▶▶本さつ14ページ

1 [式] 492÷4=123　　[答え] 123こ

2 [式] 729÷3=243　　[答え] 243cm

3 [式] 876÷8=109あまり4
[答え] 109こできて,4こあまる。

4 [式] 793÷5=158あまり3
[答え] 1クラス分は158まいで,3まいあまる。

ポイント

1 「492こ」が全体の数で,「4こ」が分ける箱の数なので,492を4でわります。
2 「729cm」が全体の長さで,「3本」が切り分ける本数なので,729を3でわります。
3 「876こ」が全体の数で,「8こ」が分けるふくろの数なので,876を8でわります。
4 「793まい」が全体の数で,「5つ」が分けるクラスの数なので,793を5でわります。

---

9 わり算(1)
1けたの数でわるわり算③ りかい
▶▶▶本さつ12ページ

1 全体のまい数　350
分けるクラスの数　3
1クラス分のまい数　116
あまったまい数　2
[答え] 1クラス分は116まいで,2まいあまる。

2 全体のこ数　856
1ふくろ分のこ数　6こ
ふくろのこ数　142
あまったあめのこ数　4
[答え] 142こできて,あめは4こあまる。

---

10 わり算(1)
1けたの数でわるわり算③ りかい
▶▶▶本さつ13ページ

1 [式] 524 ÷ 5 = 104 あまり 4
全体の　　　分ける　1人分の　　　あまった
まい数　　　人数　　まい数　　　　まい数
[答え] 1人分は104まいで,4まいあまる。

2 [式] 805 ÷ 4 = 201 あまり 1
全体の　　切り分け　ひもの　　　あまった
長さ　　　る長さ　　本数　　　　長さ
[答え] 201本できて,1cmあまる。

---

12 わり算(1)
1けたの数でわるわり算③ 練習
▶▶▶本さつ15ページ

1 [式] 970÷3=323あまり1
[答え] 1束は323まいで,1まいあまる。

2 [式] 865÷6=144あまり1
[答え] 1つのびんのビーズは144こで,1こあまる。

3 [式] 826÷4=206あまり2
[答え] 206人で,2本あまる。

4 ［式］　750÷7＝107あまり1

　　　　　［答え］　107こで，1こあまる。

ポイント

1「970まい」が全体の数で，「3つ」が分ける
束の数なので，970を3でわります。
2「865こ」が全体の数で，「6つ」が分けるび
んのこ数なので，865を6でわります。
3「826本」が全体の数で，「4本」ずつ配るので，
826を4でわります。
4「750こ」が全体の数で，「7つ」の花だんに
同じ数だけ植えるので，750を7でわります。

13　わり算(1)
　　　1けたの数でわるわり算④　**りかい**

▶▶▶本さつ16ページ

1　6人分のまい数　192

　　分ける人数　6

　　1人分のまい数　32　　　［答え］　32まい

2　［式］　384 ÷ 8 ＝ 48　　　［答え］　48円
　　　　　8人分　お金を　1人分
　　　　　のお金　出す人数　のお金

ポイント

全体の数を，人数などの分ける数でわって答え
を出します。**2**では，「384円」が全体の数，
人数の「8人」が分ける数を表しています。か
け算をして，答えのたしかめをしましょう。

14　わり算(1)
　　　1けたの数でわるわり算④　**りかい**

▶▶▶本さつ17ページ

1　［式］　286 ÷ 5 ＝ 57 あまり 1
　　　　　全体の　　分ける　1クラス分　あまった
　　　　　まい数　クラスの数　のまい数　　まい数
　　　［答え］　1クラス分は57まいで，1まいあまる。

2　［式］　240 ÷ 9 ＝ 26 あまり 6
　　　　　全体の　　分ける　1ふくろ分　あまった
　　　　　こ数　ふくろの数　のこ数　　こ数
　　　　　　　　［答え］　26こで，6こあまる。

3　［式］　448 ÷ 7 ＝ 64　　　［答え］　64こ
　　　　　全体の　1グループ　グループ
　　　　　人数　の人数　　の数

15　わり算(1)
　　　1けたの数でわるわり算④　**練習**

▶▶▶本さつ18ページ

1　［式］　156 ÷ 6 ＝ 26　　　　　［答え］　26こ
　　　　　全体の　1箱分　できた
　　　　　本数　の本数　箱の数

2　［式］　258 ÷ 3 ＝ 86　　　［答え］　86まい
　　　　　3人分の　分ける　1人分の
　　　　　カードの数　人数　まい数

3　［式］　425 ÷ 5 ＝ 85　　　［答え］　85円
　　　　　5人分の　お金を　1人分の
　　　　　金がく　出す人数　金がく

4　［式］　645 ÷ 7 ＝　92 あまり 1
　　　　　全体の数　放す　1つの池に　あまった
　　　　　池の数　放したこいの数　こいの数
　　　　　　　［答え］　92ひきで，1ぴきあまる。

ポイント

1「156本」が全体の数で，「6本」ずつ分ける
ので，156を6でわります。
2「258まい」が全体の数で，「3人」が分ける
人数なので，258を3でわります。
3「425円」が全体の数で，「5人」が同じだけ
お金を出すので，425を5でわります。
4「645ひき」が全体の数で，「7つ」が分ける
池の数なので，645を7でわります。

16　わり算(1)
　　　1けたの数でわるわり算④　**練習**

▶▶▶本さつ19ページ

1　［式］　250÷9＝27あまり7

　　　［答え］　1人分は27まいで，7まいあまる。

2　［式］　320÷6＝53あまり2

　　　　　［答え］　53本できて，2cmあまる。

3　［式］　512÷8＝64　　　　　［答え］　64円

4　［式］　774÷9＝86　　　［答え］　86きゃく

ポイント

1「250まい」が全体の数で，「9人」が分ける
人数なので，250を9でわります。
2「320cm」が全体の長さで，「6cm」ずつに
切り分けるので，320を6でわります。
3「512円」が全体の数で，これは同じねだん
のおかし「8こ」分の金がくなので，512を8で
わります。
4「774人」が全体の数で，9人がけの長いす
にすわるので，774を9でわります。

17 わり算(1)
何十，何百のわり算 りかい

▶▶▶本さつ20ページ

1 3人分のまい数　90　分ける人数　3

　　1人分のまい数　30　　[答え]　30まい

2 [式]　140 ÷ 7 ＝ 20　　[答え]　20cm
　　　　7人分の　分ける　1人分
　　　　長さ　　人数　　の長さ

3 [式]　400 ÷ 8 ＝ 50　　[答え]　50まい
　　　　8人分の　分ける　1人分
　　　　まい数　人数　　のまい数

ポイント

全体の数を，人数でわって答えを出します。
1 では，「90まい」が全体の数で，分ける人数が
「3人」なので，90÷3　という式になります。

18 わり算(1)
何十，何百のわり算 練習

▶▶▶本さつ21ページ

1 [式]　60÷3＝20　　[答え]　20まい

2 [式]　200÷5＝40　　[答え]　40cm

3 [式]　270÷9＝30　　[答え]　30人

4 [式]　420÷7＝60　　[答え]　60円

ポイント

1「60まい」が全体の数で，「3人」が分ける人
数なので，60を3でわります。
2「200cm」が全体の数で，「5本」が切り分
ける本数なので，200を5でわります。
3「270人」が全体の数で，「9回」に分けてお
店に入るので，270を9でわります。
4「420円」が全体の数で，「7人」が分ける人
数なので，420を7でわります。

ここが ニガテ

4「7人」が同じ金がくずつ出しあって「420円」
のボールを買うので，420を7でわります。7人
が420円ずつ出したとかんちがいして，
420×7　としないように注意しましょう。

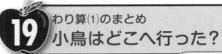

19 わり算(1)のまとめ
小鳥はどこへ行った？

▶▶▶本さつ22ページ

20 わり算(2)
2けたの数でわるわり算① りかい

▶▶▶本さつ23ページ

1 全体のまい数　75　1人分のまい数　11

　　人数　6　　あまったまい数　9

　　[答え]　6人に分けられて，9まいあまる。

2 [式]　80÷32＝2あまり16
　　　　全体の　人数　1人分の　あまった
　　　　こ数　　　　こ数　　こ数

　　[答え]　1人分は2こで，16こあまる。

ポイント

全体の数を，人数などの分ける数でわって，答
えを出します。**2** では，「80こ」が全体の数，「32
人」が分ける人数を表しています。

21 わり算(2) 2けたの数でわるわり算① りかい

▶▶▶本さつ24ページ

1 〔式〕 54÷12＝4あまり6
全体の 1人分 人数 あまった
本数 の本数 本数

〔答え〕 4人に分けられて，6本あまる。

2 〔式〕 85÷41＝2あまり3
全体の 人数 1人分の あまった
まい数 まい数 まい数

〔答え〕 1人分は2まいで，3まいあまる。

3 〔式〕 99÷22＝4あまり11
全体の 1本分 本数 あまった
長さ の長さ 長さ

〔答え〕 4本とれて，11cmあまる。

ポイント

全体の数を，1つ分の数や分ける数でわって答えを出します。**3** では，「99cm」が全体の数，「22cm」が1本分の長さなので，99÷22 という式になります。あまりが，わる数より小さくなっているかもたしかめるようにしましょう。

22 わり算(2) 2けたの数でわるわり算① 練習

▶▶▶本さつ25ページ

1 〔式〕 36÷12＝3 〔答え〕 3こ
2 〔式〕 55÷24＝2あまり7

〔答え〕 1人分は2まいで，7まいあまる。

3 〔式〕 45÷13＝3あまり6

〔答え〕 3列できて，最後の列には6人ならぶ。

4 〔式〕 95÷33＝2あまり29

〔答え〕 33人のグループは2こできて，最後のグループは29人になる。

ポイント

1「36こ」が全体の数で，「12人」が分ける人数なので，36を12でわります。
2「55まい」が全体の数で，「24人」が分ける人数なので，55を24でわります。
3「45人」が全体の数で，「13人」が1列の人数なので，45を13でわります。
4「95人」が全体の数で，「33人」ずつグループをつくるので，95を33でわります。

23 わり算(2) 2けたの数でわるわり算① 練習

▶▶▶本さつ26ページ

1 〔式〕 95÷34＝2あまり27

〔答え〕 2束できて，27まいあまる。

2 〔式〕 65÷21＝3あまり2

〔答え〕 3本とれて，2cmあまる。

3 〔式〕 87÷43＝2あまり1

〔答え〕 2こずつで，1こあまる。

4 〔式〕 72÷23＝3あまり3

〔答え〕 3束できて，3まいあまる。

ポイント

1「95まい」が全体の数で，「34まい」が1つの束なので，95を34でわります。
2「65cm」が全体の数で，「21cm」が1本分の長さなので，65を21でわります。
3「87こ」が全体の数で，「43こ」が分けるこ数なので，87を43でわります。
4「72まい」が全体の数で，「23まい」が1つの束なので，72を23でわります。

ここが

あまりはわる数よりも必ず小さくなります。例えば，**2** で，65÷21＝2あまり23 としてしまうと，あまりがわる数よりも大きくなってしまうのでまちがいです。商だけではなく，あまりの数もかくにんすることが大切です。

24 わり算(2) 2けたの数でわるわり算② りかい

▶▶▶本さつ27ページ

1 全体の本数 80 人数 13

1人分の本数 6 あまった本数 2

〔答え〕 1人分は6本で，2本あまる。

2 〔式〕 98 ÷ 24 ＝ 4 あまり 2
全体の 1箱分の 箱の数 あまった
こ数 こ数 こ数

〔答え〕 4箱できて，2こあまる。

ポイント

全体の数を，人数や1つ分の数などの分ける数でわって答えを出します。**1** では，「80本」が全体の数で，「13人」が分ける人数を表しています。

25 わり算(2)
2けたの数でわるわり算②

▶▶▶本さつ28ページ

1 ［式］　96÷17＝5あまり11
全体の　ふくろ 1ふくろ　あまった
こ数　分のこ数　　こ数

　　　［答え］　1ふくろ分は5こで，11こあまる。

2 ［式］　60÷14＝4あまり4
全体の　人数 1人分の　あまった
まい数　　まい数　　まい数

　　　［答え］　1人分は4まいで，4まいあまる。

3 ［式］　80÷25＝3あまり5
全体の　1本分　本数　あまった
長さ　の長さ　　　　長さ

　　　　　［答え］　3本とれて，5cmあまる。

26 わり算(2)
2けたの数でわるわり算②

▶▶▶本さつ29ページ

1 ［式］　96÷16＝6　　　［答え］　6まい
2 ［式］　68÷17＝4　　　　［答え］　4人
3 ［式］　75÷12＝6あまり3

　　　［答え］　6人に分けられて，3cmあまる。

4 ［式］　55÷27＝2あまり1

　　　［答え］　1人分は2こで，1こあまる。

ポイント

1「96まい」が全体の数で，「16人」が分ける
人数なので，96を16でわります。
2「68本」が全体の数で，「17本」が1人分の
本数なので，68を17でわります。
3「75cm」が全体の数で，「12cm」が1人分
の長さなので，75を12でわります。
4「55こ」が全体の数で，「27人」が分ける人
数なので，55を27でわります。

27 わり算(2)
2けたの数でわるわり算②

▶▶▶本さつ30ページ

1 ［式］　84÷28＝3　　　　［答え］　3さつ
2 ［式］　80÷26＝3あまり2

　　　　［答え］　1人分は3こで，2こあまる。

3 ［式］　85÷18＝4あまり13

　　　［答え］　1クラス分は4こで，13こあまる。

---

4 ［式］　95÷24＝3あまり23

　　　　［答え］　3本とれて，23cmあまる。

ポイント

1「84さつ」が全体の数で，「28人」が分ける
人数なので，84を28でわります。
2「80こ」が全体の数で，「26人」が分ける人
数なので，80を26でわります。
3「85こ」が全体の数で，「18」が分けるクラ
スの数なので，85を18でわります。
4「95cm」が全体の数で，「24cm」が1本分
の長さなので，95を24でわります。

28 わり算(2)
2けたの数でわるわり算③

▶▶▶本さつ31ページ

1 全体のこ数　300　　ふくろの数　32

　　1ふくろ分のこ数　9　　あまったこ数　12

　　［答え］　1ふくろ分は9こで，12こあまる。

2 ［式］　225÷27＝8あまり9
全体の　人数 1人分　あまった
こ数　　のこ数　こ数

　　　　　［答え］　1人分は8こで，9こあまる。

29 わり算(2)
2けたの数でわるわり算③

▶▶▶本さつ32ページ

1 ［式］　200÷24＝8あまり8
全体の　1本の　本数　あまった
長さ　長さ　　　　長さ

　　　　　［答え］　8本できて，8cmあまる。

2 ［式］　325÷36＝9あまり1
全体の　人数 1人分　あまった
まい数　　のまい数　まい数

　　［答え］　1人分は9まいで，1まいあまる。

3 ［式］　195÷27＝7あまり6
全体の　人数 1人分の　あまった
こ数　　こ数　　こ数

　　　　　［答え］　1人分は7こで，6こあまる。

▶▶▶ 本さつ33ページ
▶▶▶ 本さつ34ページ
▶▶▶ 本さつ35ページ

ポイント

大きい数のわり算では，商のたて方に気をつけて計算するようにしましょう。例えば，**2**では，わる数の36を40とみて商をたてます。40×8＝320 なので，かりの商を8とします。しかし，商を8とすると，36×8＝288 より，あまりが，325−288＝37 となり，わる数の36より大きくなってしまいます。よって，商は9であるとわかります。

↓小さすぎる

```
        8
  36)325
    288
     37
```
↑まだひける

```
        9
  36)325
    324
      1
```
↑もうひけない

---

30 わり算(2)
2けたの数でわるわり算③ 〔練習〕

1 〔式〕 275÷35＝7あまり30

〔答え〕 1人分は7まいで，30まいあまる。

2 〔式〕 220÷28＝7あまり24

〔答え〕 7ふくろできて，24こあまる。

3 〔式〕 145÷16＝9あまり1

〔答え〕 9こできて，1こあまる。

4 〔式〕 250÷26＝9あまり16

〔答え〕 9箱必要で，16こあまる。

ポイント

1「275まい」が全体の数で，「35人」が分ける人数なので，275を35でわります。
2「220こ」が全体の数で，「28こ」が1ふくろ分のこ数なので，220を28でわります。
3「145こ」が全体の数で，「16こ」が1パック分のこ数なので，145を16でわります。
4「250こ」が全体の数で，「26こ」が1箱分のこ数なので，250を26でわります。

---

31 わり算(2)
2けたの数でわるわり算③ 〔練習〕

1 〔式〕 384÷64＝6 〔答え〕 6cm

2 〔式〕 315÷35＝9 〔答え〕 9こ

3 〔式〕 400÷46＝8あまり32

〔答え〕 8こできて，32こあまる。

4 〔式〕 450÷56＝8あまり2

〔答え〕 1人分は8さつで，2さつあまる。

ポイント

1「384cm」が全体の数で，「64本」が分ける本数なので，384を64でわります。
2「315こ」が全体の数で，「35こ」が分けるこ数なので，315を35でわります。
3「400こ」が全体の数で，「46こ」が1ふくろ分のこ数なので，400を46でわります。
4「450さつ」が全体の数で，「56人」が分ける人数なので，450を56でわります。

---

32 わり算(2)
2けたの数でわるわり算④ 〔りかい〕

1 全体のまい数 320 1束分のまい数 26
束の数 12 あまったまい数 8

〔答え〕 12束できて，8まいあまる。

2 〔式〕 756÷32＝23あまり20
全体の長さ 1本の長さ 本数 あまった長さ

〔答え〕 23本できて，20cmあまる。

ポイント

十の位から商がたつ計算をまちがえないようにしましょう。**2**では，百の位は7なので，百の位に商はたちません。百の位の7と十の位の5を合わせて，75÷32 の計算をして，その商の2を十の位にたてます。

```
        23
  32)756
     64
    116
     96
     20
```

33 わり算(2) 2けたの数でわるわり算④ 〈りかい〉

▶▶▶ 本さつ36ページ

1 [式] 490÷21＝23あまり7
全体の　分ける　1人分　あまった
こ数　　人数　　のこ数　　こ数

[答え] 1人分は23こで，7こあまる。

2 [式] 920÷38＝24あまり8
全体の　箱の数　1箱分　あまった
こ数　　　　　　のこ数　　こ数

[答え] 1箱分は24こで，8こあまる。

3 [式] 690÷17＝40あまり10
全体の　切り分　できる　あまった
長さ　　ける長さ　本数　　長さ

[答え] 40本できて，10cmあまる。

ポイント

商に0のたつわり算は，その位の計算を省りゃくすることができます。例えば，**3** では，下のような計算になります。

```
      40              40
17)690          17)690
   68              68
   10              10
   00
   10
```

↑10÷17の計算は
省りゃくできます。

34 わり算(2) 2けたの数でわるわり算④ 〈練習〉

▶▶▶ 本さつ37ページ

1 [式] 800÷32＝25　　[答え] 25人

2 [式] 680÷24＝28あまり8

[答え] 1箱分は28こで，8こあまる。

3 [式] 575÷19＝30あまり5

[答え] 1人分は30まいで，5まいあまる。

4 [式] 945÷48＝19あまり33

[答え] 19箱できて，33こあまる。

ポイント

1「800人」が全体の数で，「32」が分ける数なので，800を32でわります。
2「680こ」が全体の数で，「24こ」が分けるこ数なので，680を24でわります。
3「575まい」が全体の数で，「19人」が分ける人数なので，575を19でわります。商の一の位が0であることに注意しましょう。
4「945こ」が全体の数で，「48こ」ずつ箱に分けるので，945を48でわります。

35 わり算(2) 2けたの数でわるわり算④ 〈練習〉

▶▶▶ 本さつ38ページ

1 [式] 540÷45＝12　　[答え] 12本

2 [式] 900÷18＝50　　[答え] 50まい

3 [式] 600÷35＝17あまり5

[答え] 17本できて，5cmあまる。

4 [式] 987÷65＝15あまり12

[答え] 15こできて，12こあまる。

ポイント

1「540本」が全体の数で，「45こ」が分けるこ数なので，540を45でわります。
2「900まい」が全体の数で，「18」が分ける数なので，900を18でわります。
3「600cm」が全体の数で，「35cm」が1本分の長さなので，600を35でわります。
4「987こ」が全体の数で，「65こ」がびん1こ分のこ数なので，987を65でわります。

36 わり算(2) わり算のくふう 〈りかい〉

▶▶▶ 本さつ39ページ

1 全体のまい数　30000
1束のまい数　600　　束の数　50

[答え] 50束

2 [式] 1950÷80＝24あまり30
全体の　1箱の　箱の数　あまった
こ数　　こ数　　　　　　こ数

[答え] 24箱できて，30こあまる。

ポイント

終わりに0があるわり算では，わる数の0とわられる数の0を，同じ数だけ消して計算します。**2** では，全体のこ数である「1950こ」を195，1箱のこ数である「80こ」を8として，195÷8　の計算をします。

37 わり算(2) わり算のくふう

1 [式] 28000÷300＝93あまり100
　　　　全体の　　1束の　束の数　あまった
　　　　まい数　　まい数　　　　　まい数

　　[答え] 93束できて，100まいあまる。

2 [式] 54000÷90＝600
　　　　全体の　　人数　1人分の
　　　　金がく　　　　　金がく

　　　　　　　　[答え] 600円

3 [式] 64800÷2600＝24あまり2400
　　　　全体の　1人分の　人数　　あまった
　　　　金がく　金がく　　　　　金がく

　　[答え] 24人に分けられて，2400円あまる。

38 わり算(2) わり算のくふう

▶▶▶本さつ41ページ

1 [式] 68000÷1700＝40　[答え] 40人

2 [式] 5600÷400＝14　　[答え] 14回

3 [式] 8000÷300＝26あまり200

　　　　[答え] 26束できて，200まいあまる。

4 [式] 97200÷2500＝38あまり2200

　　　　[答え] 38箱必要で，2200まいあまる。

ポイント

1「68000円」が全体の数で，「1700円」が
1人が出した金がくなので，68000を1700で
わります。
2「5600人」が全体の数で，「400人」が1回に
入場する人数なので，5600を400でわります。
3「8000まい」が全体の数で，「300まい」が
1束分のまい数なので，8000を300でわります。
4「97200まい」が全体の数で，「2500まい」
が1箱分のまい数なので，97200を2500でわ
ります。

39 倍の見方 倍の計算

▶▶▶本さつ42ページ

1 お父さんの年れい　36

　　あゆみさんの年れい　9

　　何倍か　4　　　　　　　　[答え] 4倍

2 だいすけさんの体重　24　　何倍か　3

　　お父さんの体重　72　　　　[答え] 72kg

ポイント

何倍かを求めるときには，何倍かを求める大き
さを1とみる大きさでわります。また，何倍か
にあたる大きさを求めるときには，1とみる大
きさに何倍かを表す数をかけます。

ここが ＝ニ＝ガ＝テ＝ - - - - - - - - - - - - - - - -

問題文から，何を1とみればよいのかを読みと
れるように練習しましょう。**2** では，1とみる
大きさであるだいすけさんの体重の「24kg」を
「3倍」して，お父さんの体重を求めます。

40 倍の見方 倍の計算

▶▶▶本さつ43ページ

1 問題集のねだん　780

　　ざっしのねだん　260

　　何倍か　3　　　　　　　　[答え] 3倍

2 プリンのねだん　70　　何倍か　4

　　ケーキのねだん　280　　[答え] 280円

ポイント

何倍かを求めるときには，何倍かを求める大き
さを，1とみる大きさでわります。**1** では，問
題集のねだんは「780円」，ざっしのねだんは
「260円」なので，780÷260　で何倍かを求
めます。

41 倍の見方 倍の計算 〈練習〉

▶▶▶本さつ44ページ

1	[式]	16÷4=4	[答え] 4倍
2	[式]	32÷4=8	[答え] 8才
3	[式]	6×5=30	[答え] 30m
4	[式]	130×7=910	[答え] 910円

ポイント

1 正かいした問題の数「16問」が，まちがえた問題の数「4問」の何倍かを求めるので，16を4でわります。

2 お母さんの年れい「32才」が，ゆみさんの年れいの「4倍」にあたるので，32を4でわってゆみさんの年れいを求めます。

3 ビルの高さは，電柱の高さ「6m」の「5倍」にあたるので，6に5をかけてビルの高さを求めます。

4 筆箱のねだんは，えん筆のねだん「130円」の「7倍」にあたるので，130に7をかけて筆箱のねだんを求めます。

42 倍の見方 倍の計算 〈練習〉

▶▶▶本さつ45ページ

1	[式]	12÷3=4	[答え] 4kg
2	[式]	216÷54=4	[答え] 4倍
3	[式]	12×7=84	[答え] 84kg
4	[式]	85×6=510	[答え] 510人

ポイント

1 犬の体重「12kg」は，ねこの体重の「3倍」にあたるので，12を3でわってねこの体重を求めます。

2 横の長さ「216cm」が，たての長さ「54cm」の何倍かを求めるので，216を54でわります。

3 ひろしさんのお父さんの体重は，ひろしさんの弟の体重「12kg」の「7倍」にあたるので，12に7をかけてひろしさんのお父さんの体重を求めます。

4 学校の全体の児童数は，4年生の児童数「85人」の「6倍」にあたるので，85に6をかけて学校全体の児童数を求めます。

43 倍の見方 かん単な割合 〈りかい〉

▶▶▶本さつ46ページ

[式]　ゴムA　30 ÷ 10 ＝ 3
　　　　　　くらべら　もとに　割合
　　　　　　れる量　する量

　　　ゴムB　40 ÷ 20 ＝ 2
　　　　　　くらべら　もとに　割合
　　　　　　れる量　する量

[答え]　ゴムA

ポイント

割合は，ある量をもとにして，くらべられる量がもとにする量のどれだけ(何倍)にあたるかを表した数です。
〈割合〉＝〈くらべられる量〉÷〈もとにする量〉
で求めることができます。

44 倍の見方 かん単な割合 〈練習〉

▶▶▶本さつ47ページ

1 ① [式]　120 ÷ 60 ＝ 2
　　　　　　くらべら　もとに　割合
　　　　　　れる量　する量

　　　　　　　　　　　　　　[答え]　2倍

　② [式]　150 ÷ 50 ＝ 3
　　　　　　くらべら　もとに　割合
　　　　　　れる量　する量

　　　　　　　　　　　　　　[答え]　3倍

2 [式]　ばねA　64 ÷ 16 ＝ 4
　　　　　　　くらべら　もとに　割合
　　　　　　　れる量　する量

　　　ばねB　75 ÷ 25 ＝ 3
　　　　　　くらべら　もとに　割合
　　　　　　れる量　する量

　　　　　　　　　　　　　　[答え]　ばねA

ポイント

〈割合〉＝〈くらべられる量〉÷〈もとにする量〉
で求めることができます。わる数と，わられる数をまちがえないようにしましょう。

11

45 倍の見方のまとめ 学校までは何m？

▶▶▶ 本さつ48ページ

みなみさんの家から学校までは　1750　m
1500+250=1750 (m)

▶▶▶ 本さつ49ページ

46 計算のきまり 計算の順じょ① りかい

1 はらったお金　500

　　ジュースのねだん　120

　　パンのねだん　170　　おつり　210

　　　　　　　　　　　　［答え］　210円

2 持っているお金　850

　　えん筆のねだん　70

　　消しごむのねだん　100

　　買える組数　5　　　　［答え］　5組

ポイント

1 では，まずジュースのねだん「120円」とパンのねだん「170円」を合わせたものをかっこでくくります。それを，はらったお金「500円」からひいておつりの金がくを求めるので，
500−(120+170)=500−290=210(円)
となります。かっこのある式の計算は，先にかっこの中の計算をします。

ここが ニガテ

2 のような何組買えるかという問題では，えん筆1本のねだん「70円」と消しごむ1このねだん「100円」をたした金がくを1まとまりとみて，持っているお金の「850円」をわって求めます。計算の順じょをまちがえると答えがちがってしまうので，十分に注意しましょう。

47 計算のきまり 計算の順じょ① りかい

▶▶▶ 本さつ50ページ

1 ［式］　1000−(398+380)=222
　　　　　はらった　ケーキの　せんべい　おつり
　　　　　お金　　ねだん　のねだん

　　　　　　　　　　　　　　　［答え］　222円

2 ［式］　5000−(580+150)=4270
　　　　　はらった　ざっしの　ジュース　おつり
　　　　　お金　　ねだん　のねだん

　　　　　　　　　　　　　　　［答え］　4270円

3 ［式］　760÷(15+80)=8
　　　　　持っている　ふうとうの　切手の　買える
　　　　　お金　　ねだん　ねだん　組数

　　　　　　　　　　　　　　　［答え］　8組

ポイント

まず，言葉で式をつくると式を立てやすくなります。例えば，**1** では，実さいの代金をかっこでくくって，はらったお金−(ケーキ1このねだん+せんべい1ふくろのねだん)　となります。**2** も同様に，はらったお金−(ざっしのねだん+ジュースのねだん)　となります。**3** は，ふうとうのねだんと切手のねだんを1まとまりとみて何組買えるかを考えるので，持っているお金÷(ふうとうのねだん+切手のねだん)　となります。

48 計算のきまり 計算の順じょ① 練習

▶▶▶ 本さつ51ページ

1 ［式］ 500−(150+140)=210

［答え］ 210円

2 ［式］ 1000−(360+480)=160

［答え］ 160羽

3 ［式］ 465÷(14+17)=15

［答え］ 15まい

4 ［式］ 5000−(3500−140)=1640

［答え］ 1640こ

ポイント

1 はらったお金の「500円」から，ジュースのねだん「150円」とパンのねだん「140円」をたした金がくをひいて求めます。

2 「1000羽」から，男子が折った折りづるの数「360羽」と，女子が折った折りづるの数「480羽」をたした数をひいて求めます。

3 色紙のまい数「465まい」を，みゆきさんのクラス全員の人数でわって，1人分のまい数を求めます。クラス全員の人数＝男子の人数＋女子の人数なので，465÷(14+17)=15(まい)です。

4 目標のこ数「5000こ」から，実さいに売れたこ数をひいて，あと何こ売ればよいかを求めます。ただし，水曜日までに売る予定のこ数「3500こ」よりも実さいは「140こ」少なかったので，5000−(3500−140)=1640(こ)となります。

49 計算のきまり 計算の順じょ② りかい

▶▶▶ 本さつ52ページ

1 はらったお金　500

ジュース1本のねだん　150

本数　3　おつり　50　［答え］ 50円

2 箱のねだん　50

みかん1このねだん　45

こ数　6　代金　320　［答え］ 320円

ポイント

＋，−，×，÷がまざった計算は，×，÷の計算を先にします。例えば，**1** では，150×3を先に計算し，500−150×3=500−450=50(円)　となります。**2** では，みかん6こ分の代金に箱のねだん「50円」をたします。50+45×6　という式になります。

50 計算のきまり 計算の順じょ② りかい

▶▶▶ 本さつ53ページ

1 ［式］ 2000−390×3=830
はらった　おべん当　こ数　おつり
お金　1このねだん

［答え］ 830円

2 ［式］ 1500−260×5=200
はらった　ケーキ1こ数　おつり
お金　のねだん

［答え］ 200円

3 ［式］ 160 ＋ 70 × 8 ＝ 720
消しごむ　えん筆1本　えん筆　代金
1このねだん　のねだん　の本数

［答え］ 720円

51 計算のきまり 計算の順じょ② 練習

▶▶▶ 本さつ54ページ

1 ［式］ 150+85×8=830　［答え］ 830円

2 ［式］ 150−5×13=85　　［答え］ 85L

3 ［式］ 350−15×9=215　［答え］ 215cm

4 ［式］ 78+3×5=93　　　［答え］ 93まい

ポイント

1 箱のねだん「150円」に，1こ「85円」のケーキ「8こ」分の代金をたして求めます。

2 水そうに入る水の量「150L」から，1回に入れる水の量「5L」の「13回」分の量をひいて求めます。

3 全体の長さ「350cm」から，「15cm」のひも「9本」分の長さをひいて求めます。

4 はじめに持っていたカードのまい数「78まい」に，1セット「3まい」のカード「5セット」分のまい数をたして求めます。

52 計算のきまりのまとめ
ケーキはいくらかな

▶▶▶ 本さつ55ページ

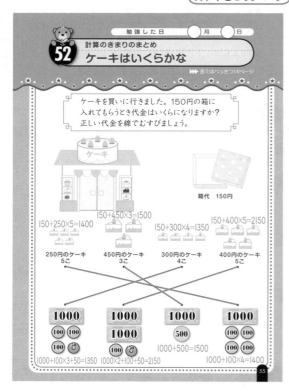

54 小数のたし算とひき算
小数のたし算 りかい

▶▶▶ 本さつ57ページ

1 ［式］ 1.367 ＋ 2.852 ＝ 4.219
東駅から図書館　図書館から西駅　東駅から西駅
までの道のり　までの道のり　までの道のり

　　　　　　　　　　　　　　［答え］　4.219km

2 ［式］ 0.12＋7.58＝7.7　　［答え］　7.7kg
びんの　さとうの　全体の
重さ　　重さ　　　重さ

3 ［式］ 1.8＋3.278＝5.078
切り取った　残りの　はじめの
長さ　　　　長さ　　　長さ

　　　　　　　　　　　　　　［答え］　5.078m

55 小数のたし算とひき算
小数のたし算 練習

▶▶▶ 本さつ58ページ

1 ［式］ 4.38＋7.69＝12.07

　　　　　　　　　　　　　［答え］　12.07L

2 ［式］ 12.73＋9.17＝21.9

　　　　　　　　　　　　　［答え］　21.9kg

3 ［式］ 41.86＋77.42＝119.28

　　　　　　　　　　　　　［答え］　119.28g

4 ［式］ 17.26＋8.84＝26.1

　　　　　　　　　　　　　［答え］　26.1m

53 小数のたし算とひき算
小数のたし算 りかい

▶▶▶ 本さつ56ページ

1 みかんの重さ　5.24　箱の重さ　0.18

　　全体の重さ　5.42　　　　［答え］　5.42kg

2 ［式］ 0.87＋2.69＝3.56　［答え］　3.56L
飲んだ量　残った量　はじめに
　　　　　　　　　　あった量

ポイント

1 はじめに水そうに入っている水の量「4.38L」
と，入れた水の量「7.69L」をたして求めます。
2 昨日しゅうかくしたりんごの重さ「12.73kg」
と，今日しゅうかくしたりんごの重さ「9.17kg」
をたして求めます。
3 使ったさとうの重さ「41.86g」と，残った
さとうの重さ「77.42g」をたして求めます。
4 使ったロープの長さ「17.26m」と，残った
ロープの長さ「8.84m」をたして求めます。

56 小数のたし算とひき算
小数のたし算 （練習）

▶▶▶本さつ59ページ

1 ［式］　1.376＋0.878＝2.254

［答え］　2.254km

2 ［式］　34.35＋7.67＝42.02

［答え］　42.02m

3 ［式］　0.676＋0.293＝0.969

［答え］　0.969L

4 ［式］　1.378＋6.932＝8.31

［答え］　8.31kg

ポイント

1 たけしさんの家から本屋までの道のり「1.376km」と，本屋から駅までの道のり「0.878km」をたして求めます。
2 去年の記録が「34.35m」で，今年の記録は去年より「7.67m」のびたので，34.35に7.67をたして求めます。
3 使った牛にゅうの量「0.676L」と，残った牛にゅうの量「0.293L」をたして求めます。
4 使った米の重さ「1.378kg」と，残った米の重さ「6.932kg」をたして求めます。

---

 57 小数のたし算とひき算
小数のひき算 （りかい）

▶▶▶本さつ60ページ

1 はじめにあった量　2.18

飲んだ量　0.69　残った量　1.49

［答え］　1.49L

2 ［式］　5.77－0.84＝4.93　［答え］　4.93kg
　　　　全体の重さ 箱の重さ りんごだけ
　　　　　　　　　　　　　 の重さ

---

 58 小数のたし算とひき算
小数のひき算 （りかい）

▶▶▶本さつ61ページ

1 ［式］　5.235 － 1.985 ＝ 3.25
　　　　東駅から西駅 東駅から図書館 図書館から西駅
　　　　までの道のり までの道のり までの道のり

［答え］　3.25km

---

2 ［式］　3.63－2.95＝0.68　［答え］　0.68m
　　　みきさん かなさん 2人の
　　　の記録 の記録 記録の差

3 ［式］　4－0.763＝3.237　［答え］　3.237m
　　　もとの 切り取った 残りの
　　　長さ 長さ 長さ

ポイント

3 のように，整数と小数の計算や，$\frac{1}{100}$ の位までの小数と $\frac{1}{1000}$ の位までの小数の計算など，けた数のちがう2つの小数の計算をするときは，0をつけていちばん右のけたをそろえると計算がしやすくなります。右のような計算になります。

ここに0があるものとして計算します。

$$\begin{array}{r} 4.000 \\ -\,0.763 \\ \hline 3.237 \end{array}$$

---

59 小数のたし算とひき算
小数のひき算 （練習）

▶▶▶本さつ62ページ

1 ［式］　2.65－1.79＝0.86　［答え］　0.86kg
2 ［式］　1.5－0.46＝1.04　［答え］　1.04L
3 ［式］　5－1.84＝3.16　［答え］　3.16kg
4 ［式］　7.23－4.83＝2.4　［答え］　2.4kg

ポイント

1 もとの米の重さ「2.65kg」から，使った米の重さ「1.79kg」をひいて求めます。
2 もとのジュースの量「1.5L」から，飲んだジュースの量「0.46L」をひいて求めます。
3 もとのみかんの重さ「5kg」から，残ったみかんの重さ「1.84kg」をひいて求めます。
4 たしたあとのさとうの重さ「7.23kg」から，もとのさとうの重さ「4.83kg」をひいて求めます。

1 ［式］ 1.346−0.489＝0.857

［答え］ 0.857L

2 ［式］ 31.05−14.56＝16.49

［答え］ 16.49cm

3 ［式］ 10−0.658＝9.342

［答え］ 9.342L

4 ［式］ 3−0.328＝2.672

［答え］ 2.672km

ポイント

1 ペットボトルに入っているジュースの量「1.346L」から，コップに入っているジュースの量「0.489L」をひいて求めます。
2 おじさんがつった魚の体長「31.05cm」から，ゆうきさんがつった魚の体長「14.56cm」をひいて求めます。
3 はじめに水そうに入っていた水の量「10L」から，くみ出した水の量「0.658L」をひいて求めます。
4 家から学校までの道のり「3km」から，まだ残っている道のり「0.328km」をひいて求めます。

1 はじめにあった重さ 3.26

使った重さ 2.88 加えた重さ 4.74

加えたあとの重さ 5.12 ［答え］ 5.12kg

2 はじめにあった量 5

ゆうこさんが飲んだ量 0.69

さとるさんが飲んだ量 1.44

残った量 2.87 ［答え］ 2.87L

ポイント

3つ以上の数の計算では，左から順にていねいに計算しましょう。例えば，1 では，3.26−2.88＋4.74＝0.38＋4.74＝5.12(kg) となります。

1 ［式］ 4.136−1.561−1.189＝1.386
　　　だいきさんが　まゆさんに　ゆかさんに　残った量
　　　持っていた量　あげた量　あげた量

［答え］ 1.386kg

2 ［式］ 6.289−1.379−2.879＝2.031
　　　はじめに　最初に切り　次に切り　残った長さ
　　　あった長さ　取った長さ　取った長さ

［答え］ 2.031m

3 ［式］ 31.46 − 4.87 ＋ 8.54 ＝ 35.13
　　　つよしさん　つよしさんとさとし　　さとしさんとひろし
　　　の体重　さんの体重の差　　　さんの体重の差　ひろしさん
　　　　　　　　　　　　　　　　　　　　　　　　　の体重

［答え］ 35.13kg

ポイント

3 では，計算の順番を工夫すると，計算がしやすくなります。31.46−4.87＋8.54＝31.46＋8.54−4.87＝40−4.87＝35.13(kg) と工夫することができます。

1 ［式］ 17.838＋4.743−2.561＝20.02

［答え］ 20.02L

2 ［式］ 9.64−8.736＋10.36＝11.264

［答え］ 11.264kg

3 ［式］ 2.658−0.386−1.039＝1.233

［答え］ 1.233L

4 ［式］ 3−0.682−1.227＝1.091

［答え］ 1.091km

ポイント

1 まず，はじめに入っていた水の量「17.838L」に，加えた水の量「4.743L」をたして，次にくみ出した水の量「2.561L」をひいて求めます。
2 はじめにあったさとうの量「9.64kg」から，使ったさとうの量「8.736kg」をひいて，次に加えたさとうの量「10.36kg」をたして求めます。式は9.64−8.736＋10.36 となりますが，計算は，9.64＋10.36−8.736＝20−8.736 という順に計算したほうが速く計算することができます。

3 みさきさんの分は，ひろしさんの分より「0.386L」少ないので，ひろしさんのジュースの量「2.658L」から「0.386L」をひきます。さらに，ななさんの分は，みさきさんの分より「1.039L」少ないので，みさきさんのジュースの量から「1.039L」をひいて求めます。
4 コース全体の道のり「3km」から，ともみさんが走る道のり「0.682km」をひいて，さらにかずやさんが走る道のり「1.227km」をひいて求めます。

ここが ニガテ ------------------------------

2つのものの量の差を考えるときは，どちらがもとになっているのかに注意しましょう。例えば，**3** では，「みさきさんの分はひろしさんの分より0.386L 少ない」より，ひろしさんの分がもとになっています。よって，ひろしさんの分から0.386Lひくことによって，みさきさんの分を求めることができます。

---

64 小数のたし算とひき算のまとめ
はちみつはどれだけ残るかな？

▶▶▶ 本さつ67ページ

---

1 1本あたりの量　0.4　　買った本数　7

全部の量　2.8　　　　　　　［答え］　2.8L

2 ［式］　1.8 × 9 = 16.2　［答え］　16.2kg
　　　　1ふくろ　買った　全部の
　　　　の量　　こ数　　重さ

ポイント

小数のかけ算も，整数×整数の計算をもとにして考えます。例えば，**1** の0.4×7　の計算は，まず0.4を10倍して4×7　の計算をします。
→4×7＝28
次に，計算した答えを10でわります。
→0.4×7＝2.8

---

1 ［式］　2.6×23＝59.8　　　［答え］　59.8m
　　　　1人分　配った　全部の
　　　　の長さ　人数　　長さ

2 ［式］　2.9 × 7 = 20.3 ［答え］　20.3kg
　　　　1mあたり　ぼうの　ぼうの
　　　　の重さ　　長さ　　重さ

3 ［式］　13.5×17＝229.5 ［答え］　229.5L
　　　　1回で　あらった　使う量
　　　　使う量　回数

---

1 ［式］　0.7×5＝3.5　　　　［答え］　3.5kg

2 ［式］　1.3×7＝9.1　　　　［答え］　9.1L

3 ［式］　25.4×6＝152.4　［答え］　152.4kg

4 ［式］　5.76×5＝28.8　［答え］　28.8km

ポイント

1「0.7kg」が1こ分の重さ，「5こ」が全部のこ数なので，0.7に5をかけて求めます。
2「1.3L」が1回に入れる水の量，「7回」が水を入れた回数なので，1.3に7をかけて求めます。
3「25.4kg」が1箱分の重さ，「6箱」が全部の箱のこ数なので，25.4に6をかけて求めます。
4「5.76km」が1日に走るきょり，「5日」が走った日数なので，5.76に5をかけて求めます。

1 ［式］ 0.9×13＝11.7　　［答え］ 11.7L
2 ［式］ 1.2×25＝30　　　［答え］ 30km
3 ［式］ 35.6×17＝605.2

[答え] 605.2cm

4 ［式］ 14.8×35＝518　　［答え］ 518g

ポイント

1 「0.9L」がジュース1本分の量,「13本」が買った本数なので，0.9に13をかけて求めます。
2 「1.2km」が1人が走るきょり,「25人」が走る人数なので，1.2に25をかけて求めます。
3 「35.6cm」が1人分のひもの長さ,「17人」が配る人数なので，35.6に17をかけて求めます。
4 「14.8g」が1こ分の重さ,「35こ」がこ数なので，14.8に35をかけて求めます。

ここが ニガテ

かけられる数，かける数をまちがえて式を立てないように注意しましょう。 2 で，問題文には「25人」が先に出てきますが，1人「1.2km」ずつを「25人」で走るので，式は1.2×25 となります。

1 全体の量　7.2　　分けた人数　6

1人分の量　1.2　　　　　［答え］　1.2L

2 ［式］ 28.8÷9＝3.2　　　［答え］ 3.2倍
さとう　塩の　何倍か
の重さ　重さ

1 ［式］ 43.8 ÷ 7 ＝ 6 あまり1.8
全体の　1本あたり　とれる　あまった
長さ　の長さ　本数　長さ
　　［答え］　6本とれて，1.8mあまる。

2 ［式］ 40 ÷ 32 ＝1.25
たかしさん　つよしさん　何倍か
の体重　の体重

[答え]　1.25倍

3 ［式］ 0.8 ÷ 5 ＝ 0.16
全体の量　分ける　コップ1つ分
コップの数　の量
　　　　［答え］　0.16L

ポイント

2 のような，何倍かを求める問題では，何が1とみる大きさで，何が何倍かを求める大きさなのかを読みとることが大切です。つよしさんの体重「32kg」が1とみる大きさ，たかしさんの体重「40kg」が何倍かを求める大きさとなるので，式は40÷32 となります。

1 ［式］ 4.8÷6＝0.8　　　［答え］ 0.8km
2 ［式］ 7.2÷8＝0.9　　　［答え］ 0.9L
3 ［式］ 70.2÷27＝2.6　　［答え］ 2.6kg
4 ［式］ 10.8÷24＝0.45　［答え］ 0.45m

ポイント

1 「4.8km」が全体のきょり，「6人」が走る人数なので，4.8を6でわります。
2 「7.2L」が全体の量，「8本」が分ける水とうの本数なので，7.2を8でわります。
3 「70.2kg」が全体の米の重さ，「27まい」が分けるふくろのまい数なので，70.2を27でわります。
4 「10.8m」が全体のロープの長さ，「24本」が切り分ける本数なので，10.8を24でわります。

72 小数のかけ算とわり算
小数のわり算 （練習）

▶▶▶ 本さつ75ページ

1 ［式］　45.7÷4＝11あまり1.7

　　　［答え］　11本できて，1.7Lあまる。

2 ［式］　89.3÷12＝7あまり5.3

　　　［答え］　7ふくろできて，5.3kgあまる。

3 ［式］　32÷20＝1.6　　　［答え］　1.6倍

4 ［式］　63÷18＝3.5　　　［答え］　3.5倍

ポイント

1「45.7L」が全体の水の量，「4L」が1本のびんに入れる水の量なので，45.7を4でわります。
2「89.3kg」が米全体の重さ，「12kg」が1ふくろに入れる米の重さなので，89.3を12でわります。
3「20L」が1とみる大きさ，「32L」が何倍かを求める大きさなので，32を20でわります。
4「18km」が1とみる大きさ，「63km」が何倍かを求める大きさなので，63を18でわります。

73 小数のかけ算とわり算
小数のたし算・ひき算・かけ算・わり算 （りかい）

▶▶▶ 本さつ76ページ

1 1回で入れる量　2.3　　入れた回数　6

　たりない量　0.68　　水そうに入る量　14.48

　　　　　　　　　　［答え］　14.48L

2 ［式］　1.5×9−8.4＝5.1　　［答え］　5.1L
　　　　　1本分　本数　飲んだ　残った
　　　　　の量　　　　量　　　量

ポイント

たし算・ひき算・かけ算・わり算がまざった計算は，整数の場合と同じようにかけ算・わり算を先にします。例えば，**1**では，2.3×6＋0.68＝13.8＋0.68＝14.48　となります。

ここが ニガテ

式を立てるのがむずかしい問題では，まず言葉の式をつくって考えるようにしましょう。**1**で求めるのは水そうに入る水の量なので，入れた水の量＋たりない水の量＝水そうに入る水の量となります。次に，入れた水の量＝1回で入れる水の量×水を入れた回数　となるので，立てる式は，1回で入れる水の量×水を入れた回数＋たりない水の量＝水そうに入る水の量　より，2.3×6＋0.68　という式になります。**2**で求めるのは残ったジュースの量なので，まず，全体の

ジュースの量−飲んだジュースの量＝残ったジュースの量　となります。次に，全体のジュースの量＝1本分のジュースの量×本数　となるので，立てる式は，1本分のジュースの量×本数−飲んだジュースの量＝残ったジュースの量　より，1.5×9−8.4　という式になります。

74 小数のかけ算とわり算
小数のたし算・ひき算・かけ算・わり算 （りかい）

▶▶▶ 本さつ77ページ

1 ［式］　0.6×　11−1.3　＝5.3
　　　1本あたりの量　本数　買った量　買った
　　　（ゆうこさん）　（さきさん）　量の差

　　　　　　　　　　［答え］　5.3L

2 ［式］　1.2×11＋　1.5　＝14.7
　　　　11人が　人数　最後の1人が　全員で
　　　　走るきょり　　　走るきょり　走るきょり

　　　　　　　　　　［答え］　14.7km

75 小数のかけ算とわり算
小数のたし算・ひき算・かけ算・わり算 （練習）

▶▶▶ 本さつ78ページ

1 ［式］　1.8×16＋8.8＝37.6

　　　　　　　　　　［答え］　37.6kg

2 ［式］　4.2×6＋5.8＝31　　［答え］　31km

3 ［式］　1.5×25−1.8＝35.7

　　　　　　　　　　［答え］　35.7L

4 ［式］　1.9−27.2÷16＝0.2　［答え］　0.2m

ポイント

1「1.8kg」が1人に配った米の重さ，「16人」が配った人数なので，1.8に16をかけて，配った米の全体の重さを求めます。その重さに，残った米の重さ「8.8kg」をたすと，はじめにあった米の重さとなります。
2「4.2km」が月曜日から土曜日までの6日間で走るきょり，「5.8km」が日曜日に走るきょりなので，4.2に6をかけて求めたきょりに，5.8をたして1週間で走るきょりの合計を求めます。
3「1.5L」がジュース1本分の量，「25本」が用意したジュースの本数なので，1.5に25をかけて，はじめに用意したジュースの量を求めます。そこから，残ったジュースの量「1.8L」をひくと，飲んだジュースの量が求められます。
4 みさきさんのリボンは，「27.2m」を「16等分」するので，27.2を16でわって切り分けたあとのリボン1本分の長さを求めます。それを，ななさんのリボンの長さ「1.9m」からひいて，2人のリボンの長さの差を求めます。

76 小数のかけ算とわり算のまとめ
すきな動物はなに？

▶▶▶本さつ79ページ

---

77 分数のたし算とひき算
分数のたし算 〔りかい〕

▶▶▶本さつ80ページ

1 はじめに入っていた重さ $\dfrac{5}{7}$

入れた重さ $\dfrac{3}{7}$　全部の重さ $\dfrac{8}{7}\left(1\dfrac{1}{7}\right)$

　　　　　　[答え] $\dfrac{8}{7}\left(1\dfrac{1}{7}\right)$kg

2 [式] $1\dfrac{1}{6}+\dfrac{4}{6}=1\dfrac{5}{6}$ [答え] $1\dfrac{5}{6}\left(\dfrac{11}{6}\right)$L

大きいバケツ　小さいバケツ　合わせた
の水の量　　　の水の量　　　水の量

---

78 分数のたし算とひき算
分数のたし算 〔りかい〕

▶▶▶本さつ81ページ

1 [式] $\dfrac{7}{10}+\dfrac{6}{10}=\dfrac{13}{10}\left(1\dfrac{3}{10}\right)$

家から　公園から　家から
公園　　学校　　　学校

　　　　[答え] $\dfrac{13}{10}\left(1\dfrac{3}{10}\right)$km

---

2 [式] $\dfrac{5}{13}+\dfrac{7}{13}=\dfrac{12}{13}$　　[答え] $\dfrac{12}{13}$m

一方の　もう一方　あわせた
長さ　　の長さ　　長さ

ポイント

「全体の道のり」や「合わせた長さ」を求めるので，たし算で答えを出します。**1** では，家から公園までの道のり「$\dfrac{7}{10}$km」と，公園から学校までの道のり「$\dfrac{6}{10}$km」をたすと，家から公園を通って学校まで行く道のりがわかります。

---

79 分数のたし算とひき算
分数のたし算 〔練習〕

▶▶▶本さつ82ページ

1 [式] $\dfrac{7}{9}+\dfrac{5}{9}=\dfrac{12}{9}\left(1\dfrac{3}{9}\right)$

　　　　　[答え] $\dfrac{12}{9}\left(1\dfrac{3}{9}\right)$kg

2 [式] $\dfrac{5}{8}+\dfrac{7}{8}=\dfrac{12}{8}\left(1\dfrac{4}{8}\right)$

　　　　　[答え] $\dfrac{12}{8}\left(1\dfrac{4}{8}\right)$L

3 [式] $\dfrac{5}{6}+\dfrac{3}{6}=\dfrac{8}{6}\left(1\dfrac{2}{6}\right)$

　　　　　[答え] $\dfrac{8}{6}\left(1\dfrac{2}{6}\right)$kg

4 [式] $1\dfrac{2}{3}+\dfrac{2}{3}=2\dfrac{1}{3}$　　[答え] $2\dfrac{1}{3}$t

ポイント

1「$\dfrac{7}{9}$kg」と「$\dfrac{5}{9}$kg」のねん土の重さをたします。
2 入っていた油「$\dfrac{5}{8}$L」に，入れた油「$\dfrac{7}{8}$L」をたします。
3 白いふくろのすなの重さ「$\dfrac{5}{6}$kg」と黒いふくろのすなの重さ「$\dfrac{3}{6}$kg」をたします。
4 午前に運んだ重さ「$1\dfrac{2}{3}$t」と午後に運んだ重さ「$\dfrac{2}{3}$t」をたします。

80 分数のたし算とひき算
分数のたし算 〈練習〉

▶▶▶本さつ83ページ

1 ［式］ $\dfrac{7}{11}+\dfrac{5}{11}=\dfrac{12}{11}\left(1\dfrac{1}{11}\right)$

［答え］ $\dfrac{12}{11}\left(1\dfrac{1}{11}\right)$kg

2 ［式］ $\dfrac{3}{7}+\dfrac{4}{7}=1$ ［答え］ 1L

3 ［式］ $3\dfrac{6}{8}+4\dfrac{7}{8}=8\dfrac{5}{8}$ ［答え］ $8\dfrac{5}{8}$m²

4 ［式］ $2+\dfrac{7}{10}=2\dfrac{7}{10}$ ［答え］ $2\dfrac{7}{10}$L

ポイント

1 ケーキに使うさとうの重さ「$\dfrac{7}{11}$kg」とクッキーに使うさとうの重さ「$\dfrac{5}{11}$kg」をたします。

2 「$\dfrac{3}{7}$L」の水に，「$\dfrac{4}{7}$L」の水を加えるので，たし算で求めます。

3 合わせた花だんの面積を求めるので，「$3\dfrac{6}{8}$m²」と「$4\dfrac{7}{8}$m²」をたします。

4 買った量「2L」ともらった量「$\dfrac{7}{10}$L」をたすと，全部の量がわかります。

 81 分数のたし算とひき算
分数のひき算 〈りかい〉

▶▶▶本さつ84ページ

1 はじめに入っていた水の量 $\dfrac{5}{8}$

使った水の量 $\dfrac{2}{8}$

残りの水の量 $\dfrac{3}{8}$ ［答え］ $\dfrac{3}{8}$L

2 ［式］ $1\dfrac{2}{7}-\dfrac{5}{7}=\dfrac{4}{7}$ ［答え］ $\dfrac{4}{7}$ha
田んぼの　畑の　面積の
面積　面積　ちがい

ポイント

1 やかんに入っている「$\dfrac{5}{8}$L」から「$\dfrac{2}{8}$L」使った「残り」の量を求めるので，ひき算の式に表します。

2 「$\dfrac{5}{7}$ha」の畑と「$1\dfrac{2}{7}$ha」の田んぼの面積の「ちがい」を求めるので，ひき算で答えを出します。

 82 分数のたし算とひき算
分数のひき算 〈りかい〉

▶▶▶本さつ85ページ

1 ［式］ $2\dfrac{1}{4}-\dfrac{3}{4}=1\dfrac{2}{4}$ ［答え］ $1\dfrac{2}{4}$km
全体の　進んだ　残りの
道のり　道のり　道のり

2 ［式］ $\dfrac{4}{5}-\dfrac{2}{5}=\dfrac{2}{5}$ ［答え］ $\dfrac{2}{5}$L
はじめに　飲んだ　残りの量
あった量　量

 83 分数のたし算とひき算
分数のひき算 〈練習〉

▶▶▶本さつ86ページ

1 ［式］ $\dfrac{5}{9}-\dfrac{1}{9}=\dfrac{4}{9}$ ［答え］ $\dfrac{4}{9}$kg

2 ［式］ $\dfrac{12}{8}-\dfrac{5}{8}=\dfrac{7}{8}$ ［答え］ $\dfrac{7}{8}$kg

3 ［式］ $4\dfrac{1}{5}-\dfrac{3}{5}=3\dfrac{3}{5}$ ［答え］ $3\dfrac{3}{5}$m

4 ［式］ $2-\dfrac{3}{4}=1\dfrac{1}{4}$ ［答え］ $1\dfrac{1}{4}$L

ポイント

1 もとの重さ「$\dfrac{5}{9}$kg」から使った重さ「$\dfrac{1}{9}$kg」をひきます。

2 残りの重さを求めるには，もとの重さ「$\dfrac{12}{8}$kg」から食べた重さ「$\dfrac{5}{8}$kg」をひきます。

3 もとの長さ「$4\dfrac{1}{5}$m」から切り取った長さ「$\dfrac{3}{5}$m」をひきます。ひかれる数が帯分数で，分数部分からひく数の分数がひけないときは，分数部分を仮分数にしてから計算します。

4 「2L」のペンキから使ったペンキ「$\dfrac{3}{4}$L」をひきます。ひかれる数が整数のときは，整数をひく数の分母と同じ分母の分数にしてから計算します。

分数のたし算とひき算
84 分数のひき算 練習

▶▶▶本さつ87ページ

1 [式] $\dfrac{9}{11}-\dfrac{5}{11}=\dfrac{4}{11}$ 　　[答え] $\dfrac{4}{11}$ m

2 [式] $5\dfrac{2}{5}-3\dfrac{4}{5}=1\dfrac{3}{5}$ 　　[答え] $1\dfrac{3}{5}$ kg

3 [式] $4\dfrac{7}{10}-\dfrac{3}{10}=4\dfrac{4}{10}$ 　　[答え] $4\dfrac{4}{10}$ kg

4 [式] $5-1\dfrac{1}{9}=3\dfrac{8}{9}$ 　　[答え] $3\dfrac{8}{9}$ L

ポイント

1「ちがい」を求めるので，青いリボンの長さ「$\dfrac{9}{11}$m」から赤いリボンの長さ「$\dfrac{5}{11}$m」をひきます。

2 さくらさんとおじさんのとったりんごの重さをくらべるには，おじさんがとったりんご「$5\dfrac{2}{5}$kg」から，さくらさんがとったりんご「$3\dfrac{4}{5}$kg」をひいて考えます。

3 全部の重さ「$4\dfrac{7}{10}$kg」から入れ物の重さ「$\dfrac{3}{10}$kg」をひくと，米だけの重さがわかります。

4 残った牛にゅうの量は，もとの量「5L」から使った量「$1\dfrac{1}{9}$L」をひいて求めます。

ここが ニガテ

4 のような，整数と分数がまざった計算では，とくに計算ミスに注意しましょう。整数から分数をひくときは，5を$4\dfrac{9}{9}$となおして計算します。

$4\dfrac{9}{9}-1\dfrac{1}{9}=3\dfrac{8}{9}$(L)　となります。

 分数のたし算とひき算
85 分数のたし算・ひき算 りかい

▶▶▶本さつ88ページ

1 もとの重さ $\dfrac{2}{5}$ 　買った重さ $\dfrac{4}{5}$

使った重さ $\dfrac{3}{5}$ 　残りの重さ $\dfrac{3}{5}$

[答え] $\dfrac{3}{5}$ kg

2 はじめにあった量 $\dfrac{9}{7}$

飲んだ量 $\dfrac{1}{7}$ 　加えた量 $\dfrac{5}{7}$

飲んで加えたあとの量 $\dfrac{13}{7}\left(1\dfrac{6}{7}\right)$

[答え] $\dfrac{13}{7}\left(1\dfrac{6}{7}\right)$ L

ポイント

1 は，もとの小麦粉の重さ「$\dfrac{2}{5}$kg」に買った小麦粉の重さ「$\dfrac{4}{5}$kg」をたしてから，使った小麦粉の重さ「$\dfrac{3}{5}$kg」をひきます。

ここが ニガテ

ふえたりへったりしているので，たし算とひき算がまざった式になることに注意しましょう。

2 では，飲んだ量「$\dfrac{1}{7}$L」はへるのでひき算，加えた量「$\dfrac{5}{7}$L」はふえるのでたし算を使って求めます。

86 分数のたし算とひき算
分数のたし算・ひき算 りかい

1 [式] $\dfrac{3}{4} + 1\dfrac{1}{4} - 1\dfrac{3}{4} = \dfrac{1}{4}$

一方の　もう一方の　使った　残りの
重さ　　重さ　　　　重さ　　重さ

[答え] $\dfrac{1}{4}$kg

2 [式] $1\dfrac{2}{10} + \dfrac{3}{10} - \dfrac{1}{10} = 1\dfrac{4}{10}\left(\dfrac{14}{10}\right)$

はじめに　作った量　飲んだ量　残った量
あった量

[答え] $1\dfrac{4}{10}\left(\dfrac{14}{10}\right)$L

87 分数のたし算とひき算
分数のたし算・ひき算 練習

1 [式] $\dfrac{5}{6} + 1\dfrac{1}{6} - \dfrac{4}{6} = 1\dfrac{2}{6}$　　[答え] $1\dfrac{2}{6}$L

2 [式] $10 + 5\dfrac{3}{5} - \dfrac{4}{5} = 14\dfrac{4}{5}$　[答え] $14\dfrac{4}{5}$L

3 [式] $4\dfrac{3}{8} - 2\dfrac{4}{8} + 1\dfrac{5}{8} = 3\dfrac{4}{8}$　[答え] $3\dfrac{4}{8}$kg

4 [式] $3 - 2\dfrac{5}{8} + 1 = 1\dfrac{3}{8}$　　[答え] $1\dfrac{3}{8}$m

ポイント

1 コーヒーの量「$\dfrac{5}{6}$L」と牛にゅうの量「$1\dfrac{1}{6}$L」
をたしてから，飲んだ量「$\dfrac{4}{6}$L」をひきます。

2 10Lの灯油に，買った灯油の量「$5\dfrac{3}{5}$L」を
たし，使った灯油の量「$\dfrac{4}{5}$L」をひきます。分
数部分からひく数の分数がひけないときは，分
数部分を仮分数にしてから計算します。

3 「$4\dfrac{3}{8}$kg」の小麦粉から，使った小麦粉の重
さ「$2\dfrac{4}{8}$kg」をひき，加えた重さ「$1\dfrac{5}{8}$kg」を
たします。

4 もとの長さ「3m」から使った長さ「$2\dfrac{5}{8}$m」
をひき，買った長さ「1m」をたします。ひかれ
る数が整数のときは，整数をひく数の分母と同
じ分母の帯分数にしてから計算します。

ここが ニガテ

ふえたりへったりしているので，たし算とひき
算がまざった式になります。**2**では，買った量
「$5\dfrac{3}{5}$L」はふえるのでたし算，使った量「$\dfrac{4}{5}$L」
はへるのでひき算を使って求めます。文章をよ
く読んで，式に表すことが大切です。

88 分数のたし算とひき算のまとめ
スイッチを切って

89 変わり方
変わり方を調べる りかい

1 姉のノートの数　□　妹のノートの数　○
きまりの数　8

2 [答え] $100 × □ = ○$　（$□ × 100 = ○$）

　きまり　りんご　代金
　の数　　の数

3 [答え] $3 + □ = ○$　（$□ + 3 = ○$）

　大人の　子どもの　あめ
　人数　　人数　　　の数

90 変わり方
変わり方を調べる　練習

▶▶▶ 本さつ93ページ

1 ［答え］　□＋○＝10　（○＋□＝10）

2 ［答え］　□×4＝○　（4×□＝○）

3 ①　［答え］　12÷□＝○

　　　　　　　　（○×□＝12など）

　　②　［式］　4×□＝12

　　　　　　　　□＝12÷4＝3　［答え］　3人

ポイント

1「□本」が兄の本数，「○本」が妹の本数で，□と○をたすと，きまって10本になります。

2「□cm」がたての長さ，「4cm」が横の長さなので，□に4をかけると，面積○cm²になります。

3①「12dL」がお茶の量で，「□人」が分ける人数なので，12を□でわると，1人分のお茶の量「○dL」になります。
②「4dL」が1人に分けるお茶の量なので，①より，4×□＝12　となります。

91 がい数
がい数を使った計算　りかい

▶▶▶ 本さつ94ページ

1 一方のパンのねだんのがい数　200

　　もう一方のパンのねだんのがい数　300

　　およその代金　500　［答え］　およそ500円

2 ［式］　3000　÷　30　＝　100
　　　　　29人分のねん土　分ける人数　1人分の
　　　　　の重さのがい数　のがい数　およその重さ

　　　　　　　　［答え］　およそ100g

3 ［式］　400　×　20　＝　8000
　　　　　1人から集める　集める人数　集まるおよそ
　　　　　お金のがい数　のがい数　のお金

　　　　　　　　［答え］　およそ8000円

92 がい数
がい数を使った計算　練習

▶▶▶ 本さつ95ページ

1 ［式］　3000＋4000＝7000

　　　　　　　　［答え］　およそ7000円

2 ［式］　200×50＝10000

　　　　　　　　［答え］　およそ10000g

3 ［式］　4000÷50＝80

　　　　　　　　［答え］　およそ80cm

4 ［式］　1000－（600＋300）＝100

　　　　　　　　［答え］　およそ100円

ポイント

1 がい数にすると，シャツのねだん「2670円」は3000円，ズボンのねだん「4380円」は4000円となります。
2 がい数にすると，製品1こ分の重さ「192g」は200g，製品のこ数「52こ」は50ことなります。
3 がい数にすると，リボンの長さ「3790cm」は4000cm，本数「48本」は50本となります。
4 がい数にすると，本のねだん「570円」は600円，ペンのねだん「340円」は300円となります。これらの合計を，はらったお金「1000円」からひいておつりがいくらになるかを求めます。

93 がい数のまとめ
およそ1000の道を進んで

▶▶▶ 本さつ96ページ